Robert Höck
HÖREN
was der Garten sagt
So bekommen Sie
den grünen Daumen

Robert Höck

HÖREN was der Garten sagt

So bekommen Sie
den grünen Daumen

av BUCH

Bildnachweis
Titelbild: Lukas Neuner
Alle Bilder stammen vom Autor.
Fotos, auf denen der Autor abgebildet ist: Monika Höck und Lukas Neuner

Sturzgasse 1A, A-1141 Wien, E-Mail: buch@avbuch.at, Internet: www.avbuch.at

Deutsche Nationalbibliothek – CIP-Einheitsaufnahme
Die Deutsche Nationalbibliothek verzeichnet diese Publikation in der Deutschen Nationalbibliografie; detaillierte bibliografische Daten sind im Internet über http://dnb.ddb.de abrufbar.

Projektleitung: Brigitte Millan-Ruiz, av BUCH
Redaktion: Redaktionsbüro Wolfgang Funke, Augsburg
Umschlag: Ravenstein + Partner, Verden
Layout & Satz: Ravenstein + Partner, Verden
Bildreproduktion: Hantsch & Jesch PrePress Services OG, Wien
Druck und Bindung: Westermann Druck, Zwickau
Printed in Germany

ISBN-13: 978-3-7040-2389-6

Inhalt

Vorwort 6

Am Anfang war die Glockenblume 8
Lila lässt sich leicht lallen 10
Mit langen Stangen Schlangen fangen 11
Mein erster Teich – doch der zweite folgt sogleich 12
Wie Gartenvirus, Sammelwahnsinn und Supersommer ihren Lauf nahmen 15
Hart, härter, Landschaftsgärtner – die Qual der Berufswahl 16
Die Süße im Sauren – das Ende meines ersten Gartens 18
Warum Katzen keine Hunde sind . . . 19

Chaostheorie versus Gartentradition 20
Neubeginn mit Altbewährtem 22
Meine Philosophie: – Hören, was der Garten sagt 28
Richtig oder falsch – Gärtnern ist kinderleicht 30
Unwetter und andere Miesmacher . . . 31
Der Mörder ist nicht immer der Gärtner – Tiere im Garten 33
Wildblumen – wild, willig, billig 40

Mein Garten 46
Der Stein trügt – von Mauern und Steinen 48
Wer schön sein will, muss rosten – der Rostgarten 56
Der Ton macht die Musik – der Tonscherbengarten 59
Stauden zum Staunen 63
Zum Schattendasein verurteilt 73
Panaschiert – das Beet der anderen . . 78
Garten süßsauer – das Moorbeet 80
Blumenkübel next Topfmodel 83

Meine Lieblingspflanzen 88
Finstere Zeitgenossen – schwarze Blumen 90
Die Akelei, edelstes aller Gewächse . . . 92
Bartiris – Liebe auf den zweiten Blick . . 99
Lerchensporne – Adel verpflichtet . . . 101
Fritillarien – bezaubernde Charakterdarsteller 103
Die Passionsblume – meine Favoritin 105
Rosen – Majestäten und Mimosen . . . 109
Pfingstrosen – Mutters Lieblinge 115
Glockenblumen – Kindheitserinnerungen 117
Raritäten – verkannte Schönheiten . . . 119

Adressen 122
Literatur 123
Register 124

Vorwort

Wenn ich als gerade einmal 21-jähriger in meine Vergangenheit zurückblicke, besteht diese vorwiegend aus Kindheit und Jugend. Es war oft schwer erwachsen zu werden, doch Probleme hat jeder. Sie gehören dazu. Nicht jeder geht aber gleich mit ihnen um.

Ich war nie der mutige Typ, der sich den Kämpfen des Lebens stellt, sondern eher jemand, der wegläuft und sich versteckt. Zuflucht fand ich in der Natur und in Büchern. Ich gab mein Taschengeld für Tierfutter und neues Lesematerial aus. Irgendwann verliebte ich mich dann in Seerosen und begann zu gärtnern. Das Gärtnern ist gut geeignet, um von Problemen abzulenken. Die „Heile-Welt-Sucht" wird in einem Garten aber nicht gestillt. Im Garten ist es eher wie im echten Leben: Da werden zarte Iriskeimlinge von Schnecken vernichtet, bescheidene Hauswurzen vom Feldthymian überwuchert und ganze Beete von Hagelstürmen zerstört. Doch gerade diese Wahrhaftigkeit ist es, die mich am Garten fasziniert. Das Beste ist aber wohl, dass die Freude am Gärtnern nicht weniger wird wenn man sie teilt. Ich fand viele gleich gesinnte Freunde, sogar in Gartenforen des World-Wide-Web. Da sind beispielsweise eine Sukkulenten-Sammlerin aus Kärnten, eine Blumenrohr-Spezialistin aus Schwaz in Tirol, ein Raritäten liebender Biologiestudent aus Wien, zwei Passionsblumenfreaks aus Nord-Deutschland und nicht zu vergessen einige aus meiner eigenen Familie mit Vorzeigegärten. Auch was meine Lieblingsblume die Akelei betrifft, so tausche ich mit einem Freund aus Innsbruck und einer Spezialistin aus England regelmäßig Wissen, Saatgut, Pflanzen und natürlich auch Neuigkeiten aus.

Das Gärtnern hat mich selbstbewusster und weltoffener gemacht. So bin ich nun oft auf Reisen und besuche schöne Gärten und nette Leute. Letzten Endes haben mir also gerade meine Probleme über Umwege sehr viel Gutes gebracht.

Die folgenschwerste Idee, auf die mich das Gärtnern brachte, war das Schreiben. Vor gut fünf Jahren, begann ich mit meinem ersten handgeschriebenen Garten-Tagebuch. Mittlerweile habe ich vier solcher Bücher, darunter eines nur für die Akeleien. So kann die Liebe zu Pflanzen ausarten! Doch dieses hier ist mein erstes richtiges Buch. Es erhebt keinen Anspruch darauf, ein vollständiges Nachschlagewerk zu sein. Es soll vor allem Lust auf das eigene Gärtnern machen und vielleicht die eine oder andere Anregung bieten.

Ich möchte mich an dieser Stelle auch bei meinen Freunden und meiner Familie für die tolle Unterstützung, bei meinem Lektor für die viele Geduld mit einem Frischling und beim Verlag für das Vertrauen in mich bedanken.

Robert Hoeck

Am Anfang
war die Glockenblume

Roter Fingerhut *(Digitalis purpurea)* und Hahnenfuß *(Ranunculus acris* 'Flore Pleno'*)*.

„Lila lässt sich leicht lallen"

Lila war mein erstes gesprochenes Wort, das auch wirklich Sinn machte. Lila wie Wiesenglockenblume. „Lila lässt sich leicht lallen." Das war in meinem ersten Lebensjahr. Wie oft wohl muss mir meine Mutter auf unseren vielen Spaziergängen die Namen und Farben der unzähligen Blumen vorgesagt haben! Und wie oft hat sie mir diese Geschichte mit einem leicht vorwurfsvollen Ton erzählt – mein erstes Wort war nicht etwa Mama oder Papa, sondern lila.

Offensichtlich zeigte sich bereits damals meine besondere Liebe für schöne Blüten und Pflanzen. In unserer Familie muss hierfür ein eigenes Gen existieren, seit Generationen sind wir anfällig für das Gartenvirus.

Die lila Wiesenglockenblumen meiner Kindheit sind heute, wie auch meine rote Katze Gina, allgegenwärtig in meinem Garten. Ich gebe ihnen die volle Freiheit, sie dürfen überall sein, wo sie wollen. Mittlerweile findet man Wiesenglockenblumen nicht nur in den Staudenbeeten, sondern auch im Steingarten und sogar im Moorbeet.

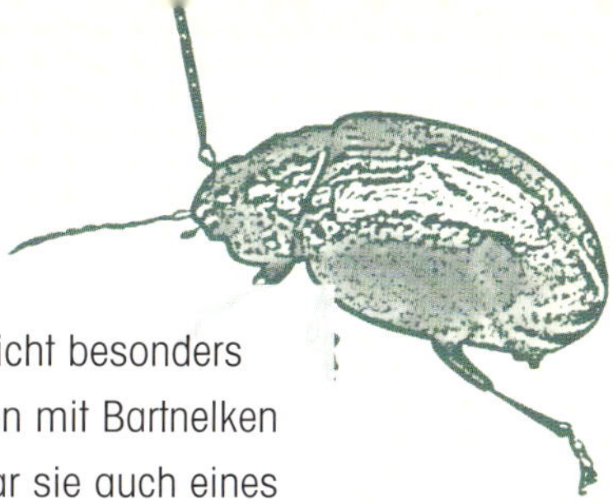

Aber es gibt auch eine Glockenblume aus meiner Kindheit, die mir nicht besonders sympathisch ist: die Marienglockenblume. Sie gehört seit je, zusammen mit Bartnelken und Fingerhut, zu den Lieblingspflanzen meiner Mutter. Demzufolge war sie auch eines der ersten Gartengewächse, das ich beim Namen nennen konnte. Es sind wohl ihre großen aufgeblasenen Blütenkelche, die mir nicht gefallen. Sie wirken wie Farbkleckse im Blumenbeet, und ich vermisse an ihnen die filigrane Schönheit anderer Glockenblumen.

Wirklich gegärtnert habe ich als Kind natürlich nicht, aber ich hielt die Augen immer offen. Nach dem Winter habe ich mit Begeisterung die ersten strahlend gelben Narzissen gezählt, bestaunte im Sommer die großen, rotorangefarbenen Blüten des Türkenmohns und naschte im Herbst von den zuckersüßen alten Weintraubensorten, die entlang unseres Balkons rankten.

Mit langen Stangen Schlangen fangen

Freilich war es die Tierwelt, die mich als Kind am meisten in Begeisterung versetzte. Sie sorgte dafür, dass ich viel Zeit draußen verbrachte, im Wald, auf den Feldern und im Garten. Man glaubt gar nicht, wie viele Tiere es für ein Kind im Garten zu entdecken gibt: Bunte Raupen fressen Löcher in die Blätter der Kapuzinerkresse, Ameisen laben sich am Nektar einer Pfingstrosenblüte, Gartenrotschwänze errichten Nester unter dem Dach, Eidechsen genießen die Nachmittagssonne, und Glühwürmchen schweben wie Funken in der Dunkelheit.

Ein Erlebnis, an das ich mich noch besonders gut erinnere, war die erste Begegnung mit einer Ringelnatter. Sie ruhte unter unserem Fliederbusch und sorgte für große Aufregung, als ich sie dort entdeckte. Nur meinen Vater ließ das mit Vorurteilen behaftete Reptil kalt. Er wusste, was zu tun war: Eine lange Stange, direkt vor die Nase

Ringelnatters Lieblingsbeute, der Teichfrosch.

der Schlange gehalten, war der ganze Trick. Ringelnattern haben einen natürlichen Instinkt, sich an allem hochzuwinden, und genau das tat dann auch unsere Schlange und sogar überraschend freiwillig. Leicht ließ sie sich so in den nahe gelegenen Sumpf zurückbringen.

Rückblickend war der Besuch der vielerorts seltenen Schlange eine große Ehre gewesen. Ringelnattern sind wunderschön und wurden in der Vergangenheit oft zu Unrecht verfolgt und getötet, zumal sie ungiftig sind. Sie können fast zwei Meter lang werden, sind meist grau und lassen sich leicht an den beiden auffälligen sichelförmigen Flecken am Kopfende erkennen.

Weil es derzeit einen Gartenteichboom gibt, wagen sich Ringelnattern immer häufiger in Siedlungsbereiche vor, denn sie lieben das feuchte Milieu. Hat man eine im Garten zu Gast, sollte man sie am besten in Ruhe lassen. Selbstverständlich kann es vorkommen, dass sie den Goldfischbestand im Teich reduziert, und auch Schwimmteichbesitzer werden nicht gerade erpicht darauf sein, mit einer Schlange um die Wette zu schwimmen. Aber wie gesagt, Ringelnattern sind absolut harmlos. Nach einer alten Tiroler Sage bringt eine Ringelnatter,die sich in der Nähe des Hauses aufhält sogar Glück für seine Bewohner.

Apropos, was man unbedingt beachten muss: Ein Teich braucht eine flache Stelle am Ufer, damit schwimmende oder hineingefallene Tiere das Wasser ungehindert wieder verlassen können. Neben Ringelnattern ertrinken besonders oft Mäuse, Erdkröten, Igel und auch Haustiere in Teichen, bei deren Bauweise dies nicht berücksichtigt wurde.

Mein erster Teich – doch der zweite folgt sogleich

Ob mit oder ohne Ringelnatter – der Gartenteich ist ein sehr interessantes und umfangreiches Thema. Seine Anlage gehört mit Recht zu den Königsdisziplinen in der Gartengestaltung, die einiges an Wissen und Erfahrung voraussetzt. Mit zwölf Jahren ahnte ich davon natürlich noch nichts, als ich von einem Teich für den Sommeraufenthalt meiner Wasserschildkröten träumte. Platz dafür war im Garten genug vorhanden, es galt nur noch, meine Eltern von der Idee zu überzeugen. Und das war gar nicht so schwer, wie ich anfangs dachte. Kaum hatte ich ihre Zustimmung, begann ich mitten im Rasen ein Loch zu graben. Am Ende des Tages hatte die Grube etwa zwei Meter Durchmesser und war ungefähr einen Meter tief. Ich befand, dass dies völlig ausreichend sei, und legte sie mit vier Lagen herkömmlicher, normaler Plastikfolie aus, wie

Nymphaea, die Seerose, war meine erste große Liebe aus dem Pflanzenreich: Hier die Sorte 'Rose Aray' aus der Goldfischperspektive.

man sie etwa zum Abdecken von Holzstapeln verwendet. Das Ufer und den Bodengrund gestaltete ich mit Bachsteinen und Bausand und war schließlich sehr zufrieden mit mir und dem Ergebnis. Nun ließ ich Wasser einlaufen, und bereits am nächsten Tag durften die Schildkröten einziehen. Meine Eltern schenkten mir kurz darauf eine Seerose namens 'Rose Aray'. Sie passte herrlich in den kleinen Teich. Ihre perfekten rosafarbenen Blüten hatten es mir angetan. Nach und nach konnte ich die Bepflanzung meines Teiches mit Ablegern von Blutweiderich, Schwertlilien, Wollgras und Binsen ergänzen, die ich von unseren Nachbarn geschenkt bekommen hatte. So entwickelte sich alles sehr gut. Die Schildkröten genossen ihre Bewegungsfreiheit, die Seerose öffnete Blüte um Blüte, und ein paar muntere Goldfische hatten ebenfalls über nette Nachbarn den Weg in mein Biotop gefunden. Für meine Katze Gina wurde die Uferzone zu einem neuen Lieblingsplatz. Sie hatte nämlich in der Fischerei ein neues Hobby entdeckt. Nicht, dass sie je einen Goldfisch gefangen hätte, nein, es waren die graziösen Libellen, die sie mit überraschendem Geschick aus der Luft angelte.

Von Auslaufmodellen und erwachenden Leidenschaften

Schon im nächsten Jahr sollte die kleine Idylle ordentlich getrübt werden. Die für Gartenteiche eigentlich ungeeignete Plastikfolie hielt nämlich nicht dicht. Der Teich verlor ständig an Wasser. Schließlich wurde das häufige Nachfüllen zu einem echten Problem, und ich ahnte, dass es so nicht weitergehen konnte. Glücklicherweise hatten aber auch

Der asiatische Goldfisch ist wunderschön anzuschauen, vermehrt sich aber für kleine Teiche viel zu stark und kann dann zum Problem werden.

meine Eltern den kleinen Teich lieb gewonnen. Mein Vater erklärte sich deshalb bereit, ihn noch einmal ganz neu anzulegen. Das hieß erst mal Wasser ablassen und anschließend alle pflanzlichen und tierischen Bewohner sicher evakuieren, alle Steine wieder aufsammeln und zum Schluss die ungeeignete Folie entfernen. Im nächsten Schritt vergrößerten wir die Teichgrube um einiges und legten richtige Uferzonen mit verschiedenen Wassertiefen an. Es folgte eine Schicht aus feinem Sand, die wir sorgfältig auf dem Teichgrund verteilten. Diese sollte die neue Folie vor scharfkantigen Steinen in der Erde schützen. Dieses Mal verwendeten wir eine echte Teichfolie aus Kautschuk und legten damit die Teichgrube sorgfältig und nun absolut wasserdicht aus. Zur Ufergestaltung dienten nicht mehr nur Bachsteine; zusätzliche Natursteinplatten ermöglichten es, dass wir gut am Ufer entlanggehen konnten. Fertig war das neue Biotop! Wieder ließ ich Wasser einlaufen, trug Wurzeln und Steine für die Gestaltung heran, ließ die Goldfische frei schwimmen und pflanzte die Seerose samt allen anderen Teichgewächsen erneut ein. Und zu meiner großen Freude blieb noch genügend freier Platz für viele weitere Pflanzen. Mein Interesse für Sumpfpflanzen war erwacht. Im Laufe des Sommers kaufte und erbettelte ich mir so manches Schmuckstück, von der Sibirischen Schwertlilie *(Iris sibirica)* mit ihren tiefblauen Blüten über die reizende Seekanne *(Nymphoides peltata)* mit kleinen Minischwimmblättern bis hin zur eleganten Schwanenblume *(Butomus umbellatus)*. Mit jeder neuen Blüte erfreute ich mich mehr an ihnen. Ich lernte viel über ihre unterschiedlichen Ansprüche und versuchte sie alle so gut wie nur möglich zu pflegen. Ganz besonders hatten es mir aber die Seerosen angetan. So kam zu der lachsrosa 'Rose Aray' nach einer Weile noch eine dottergelbe 'Moorei' hinzu, die mir besonders ihrer hübschen, purpurfarben marmorierten Blätter wegen gefiel. Diese gaben einen perfekten Hintergrund für ihre leuchtenden Blüten ab.

Wenn Idyllen sich trüben

In dem Maße, in dem mich die Pflanzenwelt immer mehr berauschte, verlor ich mit der Zeit mein Interesse an den Schildkröten und verschenkte sie schließlich. Die Goldfische waren somit alleinige Herrscher des Gartenteichs und nützten diese Gelegenheit weidlich aus, um sich sprichwörtlich „wie die Karnickel" zu vermehren. Im Teich wimmelte es bald nur so vor lauter kleinen Jungfischen. Die explosionsartige Vermehrung führte aber auch dazu, dass sich das Wasser im Teich trübte. Goldfische machen leider besonders viel Dreck! Ich empfehle deshalb jedem, der Fische in seinen Teich setzen möchte, sich nicht von der Schönheit dieser ursprünglich aus Asien stammenden Goldstücke blenden zu lassen. Auch die heimische Fauna hat mit Moderlieschen, Goldorfe & Co. einige hübsche Fische zu bieten, die wesentlich „stubenreiner" sind.

Wie Gartenvirus, Sammelwahnsinn und Supersommer ihren Lauf nahmen

Beschäftigt man sich so intensiv mit Teichpflanzen, wie ich es damals tat, ist es wohl nur normal, dass man früher oder später auch an anderen Pflanzengruppen Gefallen findet. Nie werde ich daher den Tag vergessen, an dem ich zum ersten Mal bewusst eine Akelei wahrnahm. Am Rand des Gemüsegartens meiner Mutter stand nur eine einzige dunkelblaue *Aquilegia vulgaris*. Ich weiß noch genau, wie mein Herz schneller schlug, als ich sie dort entdeckte. Sie wirkte so ungewöhnlich anders als alle anderen Blumen und sie hatte eine Ausstrahlung, die mich tief im Innersten berührte.

Die anmutig nickenden Blüten, die mit fünf eingedrehten Nektarspornen gekrönt sind, erinnerten mich an Geschöpfe aus einer anderen Welt. Ich wusste es sofort: Diese Blume hat „Personality"! Schnell hatte ich herausgefunden, um welche Pflanze es sich handelte, und ich war überrascht, dass sie laut Fachliteratur nicht schwierig zu ziehen sein sollte. Auch schien es eine unglaubliche Vielfalt an Blütenfarben und -formen zu geben, wie mir „Tante Google" offenbarte. Schon bald waren erste Samen verschiedener Akeleien gekauft und ausgesät: Der große „Akeleienwahnsinn" konnte beginnen!

Auf Expansionskurs

Heute sind Akeleien meine absoluten Lieblingsblumen. Ich kultiviere viele seltene Arten und Sorten dieser Gattung und versuche mich sogar als Züchter. Mehr dazu aber später. Jedenfalls war mit den Akeleien das Gartenvirus bei mir endgültig ausgebrochen. Mehr und mehr entwickelte ich mich zu einem unheilbaren „Gartenfreak". Meiner Mutter

Thalictrum delavayi, die bezaubernde China-Wiesenraute.

luchste ich Stück für Stück von ihrem Garten ab, um dort erste Freilandversuche mit einjährigen Sommerblumen, Wildblumen, Akeleien und Rosen zu starten. Besonders die Sommerblumen gediehen exzellent und überraschten mich sehr mit ihrer einfachen Anzucht. Auf gut Glück hatte ich Schmuckkörbchen, braunrote Tagetes, Färbermädchenaugen, Kornblumen, Seidenmohn und Wicken ausgesät. Ich konnte nicht ahnen, dass der Supersommer 2003 bevorstand, in dem es wochenlang nicht regnen sollte. Abgesehen von der Arbeit mit dem Bewässern entpuppte sich dieser Sommer aber als Glücksfall. Die vielen Sonnenstunden schienen genau richtig für das Wachstum der Einjährigen. Nie wieder gediehen sie so üppig wie in diesem Jahr. Mein Beet war am Ende des Sommers ein einziger lückenloser Blütenteppich. Hat man als Anfänger gleich solche Erfolgserlebnisse, bestärkt einen das natürlich ungemein in seinem Tun. Ich kann dem Supersommer darum nur dankbar sein. Wäre es einer dieser Regensommer gewesen, die alles faulen und kümmern lassen, hätte mir gewiss einiges an Motivation für die Zukunft gefehlt. Noch heute pflanze ich die Sommerblumen von damals gerne in meinen Beeten, an erster Stelle Schmuckkörbchen und Tagetes. Sie sind zwar ziemlich gewöhnlich, aber doch recht liebenswert. Mit ihrem unkomplizierten Wesen sorgen sie immer für gute Laune.

Hart, härter, Landschaftsgärtner – die Qual der Berufswahl

Das Jahr 2003 war auch das Jahr, in dem ich mich entscheiden musste, welchen Beruf ich denn einmal erlernen wollte. In dieser Zeit ging es mir oft nicht gut, weil ich nicht wirklich wusste, was ich wollte, und Angst vor der Zukunft hatte. Doch Gartenarbeit lenkt von allem ab und kann so helfen, mit unangenehmen Situationen umzugehen.

Ja, Gartenarbeit hat geradezu eine therapeutische Wirkung und bringt eine auf andere Gedanken. Also verschanzte ich mich oft in meinem Garten und steigerte mich mehr und mehr in das Thema Zukunft hinein.

Warum in die Ferne schweifen ...?

Die Zeit verging und die Lage spitzte sich zu. Der Abschluss des letzten Schuljahrs rückte mit großen Schritten näher. Schließlich war es meine Tante Renate, die mich auf den richtigen Weg brachte. Eines Tages war sie zu Besuch bei uns, und wie jeder Besucher musste auch sie mit mir den obligatorischen Gang zum Teich antreten und die Seerosen bewundern. Dort standen wir nun andächtig, und sie betrachtete alles in Ruhe. Nach einer Weile sah sie mich an und fragte: „Warum wirst du eigentlich nicht Gärtner?" Ich war erst einmal verblüfft. Selbst wäre mir das nie in den Sinn gekommen. Mir war einfach nicht bewusst, dass ich dafür geeignet bin. Während ich darüber nachdachte, fand ich immer mehr Gefallen an der Idee, es schien geradezu auf der Hand zu liegen. Das Gute liegt oft so nah.

Ab sofort suchte ich also nach einem „grünen" Lehrplatz und hatte wieder neuen Mut gefasst. Die Suche war schon bald von Erfolg gekrönt, und so begann ich meine Lehre als Landschaftsgärtner bei einem Betrieb für Gartengestaltung im Nachbarort. Als Landschaftsgärtner hat man es aber nicht nur mit Pflanzen zu tun. In den Zuständigkeitsbereich fallen vielmehr fast alle Arbeiten rund ums Haus: Pflastersteine und Rollrasen verlegen, Steinmauern errichten, Erdarbeiten, Pallisadenbau und vieles mehr. Fürs Erste war ich als wissensdurstiger Gartenanfänger also bestens versorgt und konnte viele neue Dinge lernen. Lediglich die botanischen Pflanzennamen bereiteten mir anfangs einige Schwierigkeiten, diese waren echt mühsam zu erlernen

Die gelbe Gummibärchenblume *(Cephalophora aromatica)* und die braunrote Präriezapfenblume *(Ratibida columnifera)* wachsen schnell aus Samen heran.

Die Süße im Sauren – das Ende meines ersten Gartens

Als Landschaftsgärtner greift man bei der Neubepflanzung eines Gartens in der Regel auf pflegeleichte Stauden und Gehölze zurück. Recht schnell kannte ich die wichtigsten Pflanzen, und der Drang nach immer Neuem meldete sich bald zurück. Nun erwachte mein Interesse für Raritäten und „schwierigere" Pflanzen, bald entwickelte ich eine besondere Vorliebe für Grünzeug mit „Personality". Die große Vielfalt an Farben und Formen, abseits des Gewöhnlichen, wurde langsam, aber sicher zu meinem Lebenselixier.

Zwei Tiroler unter sich: Mit Haflinger bei den Schmuckkörbchen.

Das Ende vom Anfang

Im zweiten Lehrjahr sollte meine Freude am Gärtnern und Sammeln jedoch einen gewaltigen Dämpfer erfahren. Meine Eltern hatten nämlich beschlossen, unser Haus zu verkaufen, weil sie den Bauernhof meiner Großeltern am anderen Ende des Dorfes übernehmen wollten. Da sie nicht ständig hin und her fahren wollten, stand der Umzug vor der Tür. Mir war klar, dass ich alles zurücklassen musste, meinen Teich und meine Blumenbeete. Und was sollte aus meiner Katze Gina werden? Würde sie einen Umzug einfach so mitmachen? Katzen haben ja bekanntlich ihren eigenen Willen und laufen selbst über lange Strecken wieder zu ihrem alten Heim zurück. Erneut war ich wochenlang schlecht gelaunt und ärgerte mich über all das. Ich war verstimmt und ahnte noch nicht, dass das Leben sich eigentlich von seiner süßen Seite zeigen wollte und lediglich ein bisschen mit mir spielte. Wir sollten nämlich nicht direkt in das alte Bauernhaus einziehen, sondern bauten etwa zwanzig Meter daneben ein komplett neues Haus. Neues Haus bedeutet aber automatisch auch einen neuen Garten. So war das Ende meines alten Gartens eigentlich nur der Preis, um von Anfang an bei der Gestaltung des neuen Gartens mitwirken zu können.

Warum Katzen keine Hunde sind

Ein Problem blieb jedoch bestehen: meine Katze. Sie verhielt sich wie ich es befürchtet hatte, und lief immer wieder zum alten Haus zurück. Es waren die alteingesessenen Hofkatzen, die ihr die Eingewöhnungsphase so schwer machten. Katzen verhalten sich ja untereinander oft ziemlich feindselig. Erst nach einem ganzen Jahr hatte sie sich mit den Umständen arrangiert und lief nicht mehr weg.

Von nun an betrachtete sie alle anderen Katzen einfach als Lumpengesindel, mit dem sie sich grundsätzlich nicht abzugeben brauchte, und konzentrierte sich mit ganzem Herzen auf ihren Job als meine Gartengehilfin. Auch wenn sie es mit den Arbeitszeiten oft nicht so genau nimmt, ist sie dennoch alles in allem eine große Unterstützung. Sie hält die Mäuse in Schach und mich mit ihrer Anwesenheit bei Laune. Es macht einfach Spaß, sie zu beobachten. Selbst wenn sie nur unter den großen Blättern einer Hosta schläft, bringt sie mich mit der Art, in der sie das tut, schon zum Lachen. Gern folgt sie mir mit einigen Metern Abstand überallhin. Sobald ich mich dabei aber nach ihr umdrehe, setzt sie sich hin und tut so, als wäre sie schon immer da gesessen und würde mich gar nicht bemerken. Frau Samtpfote möchte wohl nicht, dass ich von ihr denke, sie wäre ein Hund, der folgsam seinem Herrchen nachläuft.

Ohne Garten und Katze würde meinem Leben heute irgendwie das „i-Tüpfelchen" fehlen. Beruflich ist für mich inzwischen die Floristik das „i-Tüpfelchen" geworden. Nach erfolgreichem Abschluss der Landschaftsgärtnerlehre absolvierte ich noch eine zweite Lehre zum Floristen. In diesem Beruf hat man wesentlich mehr und direkter mit ungewöhnlichen und schönen Blumen zu tun, wenn man im richtigen Betrieb arbeitet.

Gina hat mal wieder ihre „narrischen" fünf Minuten und kugelt ausgelassen zwischen den ersten Krokussen des Frühlings herum: 'Blue Pearl', 'Ruby Giant' und *Crocus chrysanthus*.

Chaostheorie versus Gartentradition

Hier entsteht gerade ein kleiner Steingarten.

Neubeginn mit Altbewährtem

Das neue Haus war noch nicht einmal ganz fertig, da begannen meine Mutter und ich schon mit der Planung und Anlage des Gartens. Zwischen Bauschutt und frisch eingesäten Rasenflächen hoben wir erste Blumenbeete aus, befüllten sie mit Humus und Misterde und überlegten uns, was in ihnen wachsen sollte. Wir wollten sie vorerst mit Pflanzen aus unserem alten Garten bestücken. Es wäre natürlich schade gewesen, diese einfach zurückzulassen. Verschiedene Hosta- und Pfingstrosensorten, Sonnenhüte, Astern, Mädchenaugen und meine Akeleiensammlung mussten also umziehen. Heute gehören diese Pflanzen zu den „Alteingesessenen" in unserem Garten, die von Anfang an mit dabei waren.

Die steinerne Aphrodite wird im Juni von Bartnelken umringt. Am Rosenbogen dahinter blüht die kupferorangefarbene Rose 'Westerland' umgeben von Lupinen, Akeleien und Margeriten.

Grüne Grenzen

Schon während des Bepflanzens der ersten Beete sollte sich herausstellen, dass es für uns gar nicht so einfach war, gemeinsam zu gärtnern. Wir hatten doch recht unterschiedliche Vorstellungen davon, wie ein schöner Garten auszusehen hat und wie man was richtig macht. Früher oder später hätte sicher alles im Streit geendet. Weil das keiner wollte, suchte sich also jeder seine eigenen Bereiche im Garten aus, für die er seitdem allein zuständig ist. Der Garten wurde so zusehends zweigeteilt – in die Gartenhälfte meiner Mutter und in meine.

Die goldgelbe Strauchrose 'Michka' gehört zu den gesündesten Rosen in Mutters Garten und wird im Juni vom blauen Rittersporn *Delphinium elatum* dramatisch in Szene gesetzt.

Chaostheorie versus Tradition

Im Nachhinein betrachtet hat aber gerade diese Aufteilung dazu geführt, unseren Garten interessant und ungewöhnlich werden zu lassen. Er wurde zu einem Garten der Kontraste. Das betrifft die Pflanzenauswahl genauso wie die Gestaltungsprinzipien. Meine Mutter liebt klassische Schönheiten: In ihren Beeten sind Rosen, Päonien, Rittersporne, Fingerhüte, Margeriten, Türkenmohn, Goldlack, Lupinen und Bartnelken die Stars. Sie pflanzt diese jeweils in größeren Mengen und integriert sie in ein durchdachtes Gestaltungsprinzip. Leitpflanzen, wie die Rosen, der Fingerhut und der Rittersporn, wachsen gleichmäßig aufgeteilt im hinteren und mittleren Bereich der Beete. Die niedrigeren Gattungen haben dazwischen und im Vordergrund ihren Platz. Dadurch, dass sich jede Sorte laufend im Beet wiederholt, kommt eine schöne und ausgeglichene Gesamtwirkung zustande. Besonders augenscheinlich wird das im Juni, weil in diesem Monat die prächtigsten Pflanzen blühen: Rosen, Fingerhüte, Bartnelken und Lupinen leuchten dann vor einer zwei Meter hohen Wand aus blauen Rittersspornen. Es sieht aus, als hätte ein Maler die Farben großzügig mit einem Pinsel aufgetragen.

Ladies in Red: Gina mit meiner Mutter Monika im Garten.

Vielfalt ist Trumpf

In meinem Gartenbereich gibt es eine solche überschwängliche Hauptblüte dagegen nicht. Hier verteilen sich die Hochblüten der einzelnen Pflanzen über die ganze Gartensaison. Im Frühsommer zum Beispiel erregt die unüberschaubare Farbenvielfalt verschiedener Akelei- und Bartirissorten das größte Aufsehen.

Auch eine ausgeglichene Gesamtwirkung wird man bei mir vergebens suchen. Meine Beete sind vielmehr die typischen Beete eines Pflanzensammlers. Scheinbar wahllos durcheinandergemischt wachsen die Blumen in allen Gestalten, Formen und Farben. Der Platz, um zehn Exemplare der gleichen Sorte zu pflanzen, wäre mir schlichtweg zu schade. Ich liebe die große Vielfalt in der Natur, und genau die sollen auch meine Beete repräsentieren. Wer jedoch nun glaubt, ich hätte keine Ordnung in meinen Beeten, der irrt. Mein Ordnungsprinzip basiert auf den Naturstandorten der Pflanzen, und auch darauf, wie Pflanzengesellschaften in der Natur aussehen. So ist es beispielsweise kein Zufall, dass ausgerechnet Cambrischer Scheinmohn, Wolfseisenhut, Waldglockenblume und Gewöhnliche Akelei gemeinsam in einem halbschattigen Beet herumvagabundieren.

Sie alle wachsen in der Natur an Waldrändern und auf Lichtungen. Die Standortbedingungen, die sie dort vorfinden, waren für mich ausschlaggebend bei der Suche nach einem geeigneten Platz im Garten. Alle genannten Arten haben sich bereits kräftig vermehrt, ein Zeichen dafür, dass sie sich hier wohlfühlen.

Der orangefarbene *Echinacea* 'Arts Pride' und der blassgelbe *Echinacea* 'Sunrise' gehören zu den schönsten neuen Sonnenhutsorten, hier kombiniert mit Löwenmaul und Tagetes.

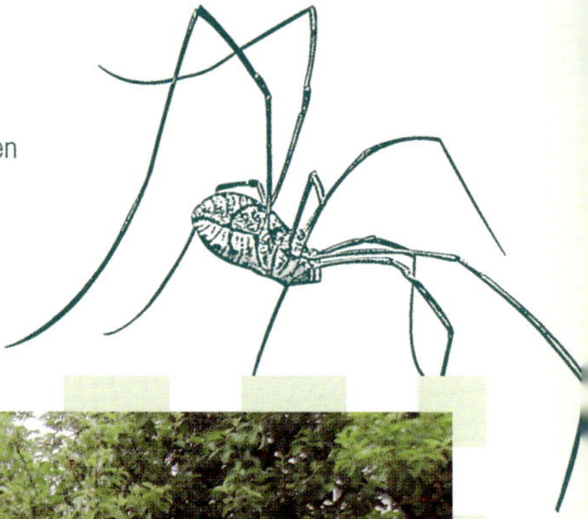

Frühsommerliche Farben- und Formenvielfalt von Blättern und Blüten: Wiesensalbei, Fingerhut, Hornveilchen, Berberitze, Purpurglöckchen und verschiedene Akeleien.

Mit der Natur

Mein Gartenbereich ist wie ein großes Mosaik, das sich aus verschiedenen Lebensräumen zusammensetzt. Die Grenzen verlaufen, wie auch in der Natur, fließend ineinander und sind oft nur für mich auszumachen. Der Natursteingarten ist mit dem Präriestaudenbeet verschmolzen, das irgendwo wiederum ins normale Staudenbeet übergeht. Im „normalen" Staudenbeet verbirgt sich ein Minisumpf für Feuchtigkeit liebende Pflanzen, und es gibt einen großen Bereich, der vom Haus beschattet wird und deshalb Schattenpflanzen beheimatet. Außerdem gibt es ein Moorbeet mit saurer Erde, eine Trockenmauer und einen Bereich für Kübelpflanzen auf Sommerfrische. Selbst die Rasenfläche und den Zaun beziehe ich als Lebensraum mit ein. Im Rasen lasse ich Zwiebelgewächse wie Schneeglöckchen, Krokusse und Blausterne verwildern, der Zaun dient lediglich als Rankhilfe für Kletterpflanzen.

Gerade weil ich Wildblumen und Raritäten mit ihren individuellen Ansprüchen so sehr liebe, wurde diese Einteilung bei mir notwendig. Außerdem finde ich, dass solche Gewächse in einem natürlich wirkenden Umfeld viel besser zur Geltung kommen als in strengen Pflanzungen, in denen sie oft optisch untergehen.

Die purpurlaubigen Sorten von Dahlie, Berberitze, Kardinalslobelie und Goldfelberich machen diese Gartenecke über Monate hinweg zu einem wohltuenden Augenschmaus.

Rosa 'Abraham Darby' und *Aquilegia longissima* geben hier den Ton an.

Meine Philosophie: **Hören**, was der Garten sagt

Meine Gartenphilosophie ist relativ einfach zu verstehen. Ein Garten ist dann gelungen, wenn sich der Besitzer und die Pflanzen darin wohlfühlen.

Ich glaube, dass es letzten Endes genau zwei Wege gibt, um einen schönen Garten zu verwirklichen. Entweder passt man den Garten an die Ansprüche der Pflanzen an, oder man passt die Auswahl der Pflanzen an die Gegebenheiten des Gartens an. Das war's eigentlich schon.

Die Realität spielt sich natürlich irgendwo dazwischen ab. Als Gartenanfänger wird man erst einmal ausprobieren müssen. Mit der Zeit findet man heraus, wie der Garten tickt und was er einem zu sagen hat. Man findet heraus, welche Pflanzengruppen sich wohlfühlen und welche eher kümmern. Wichtig ist dabei vor allem Geduld, weil Gras nicht schneller wächst, wenn man daran zieht. Man lernt aus Fehlern, aber auch durch Erfolgserlebnisse. Oft merkt man erst während des Gärtnerns, wie man seinen Garten wirklich haben möchte. Mein Rat ist daher, einfach in den Garten hinauszugehen und anzufangen! Es ist völlig egal, ob man für den Anfang nur einen Apfelbaum pflanzt, ein kleines Gemüsebeet anlegt oder ein paar Sommerblumen aussät. Schon anhand kleiner Erfolge lernt man das Wunder Pflanze besser zu verstehen und spürt hoffentlich das Glücksgefühl, das Gärtnern einem geben kann. Man kann sich einen Garten auch fix und fertig vom Landschaftsgärtner planen und anlegen lassen, doch dabei würde man etwas ganz Wichtiges verpassen: den tiefen inneren Bezug zum eigenen Garten und den Pflanzen, die darin wachsen. Womöglich wüsste man von vielen Gewächsen nicht einmal den Namen, und wann immer Probleme auftreten, wäre man wieder auf Hilfe von außen angewiesen. Selbstverständlich kann ein Landschaftsgärtner sehr nützlich sein, besonders bei gröberen Arbeiten wie der Anlage von Teichen, dem Verlegen von Fertigrasen oder der Pflanzung von großen Bäumen. Wer sich als gärtnernder Mensch sehen möchte, sollte ihn aber nur unterstützend und beratend heranziehen und so viel wie möglich selber machen. Nur auf diese Art bekommt man ein Gefühl für die wahre Natur seines Gartens.

Erstaunlich harmonisch fügt sich die frühsommerliche Blütenfülle des Gartens in die umgebende Landschaft mit ihren alten Obstbäumen und dem Nadelwald ein.

Zum Garten gehören einfach Routinearbeiten dazu, aber es ist niemals langweilig.

Richtig oder falsch –
Gärtnern ist kinderleicht!

Welche Art von Garten man haben möchte, und auch, wie man seine Gestaltung in die Hand nimmt, bleibt jedem selbst überlassen. Es gibt kein Richtig oder Falsch. Es gibt nur Menschen, die vielleicht andere Wege besser fänden. In erster Linie ist es wichtig, dass man selbst zufrieden ist und seinen Garten mag.

Mir ist aufgefallen, dass Gärten oft das Wesen und die Lebenssituation ihrer Besitzer widerspiegeln. Wer Kinder hat, möchte viel Freiraum im Garten haben, damit diese herumtoben können. Wer nach dem Motto lebt: Ordnung ist das halbe Leben, der wird auch im Garten für geordnete Strukturen sorgen und alles genau planen. Wer die Freiheit liebt, wird auch seinem Garten gewisse Freiheiten lassen. Wer von einem gesünderen, besseren Leben träumt, wird Gemüse, Kräuter und Obst im Garten anbauen und vielleicht ein paar Hühner halten. Wer viel auf Reisen ist, wird sich gewiss einen pflegeleichten Garten wünschen, den man auch mal vernachlässigen kann. Wer im Leben alles nicht so ernst nimmt, der wird vielleicht auch Schädlinge und Unkraut nicht so ernst nehmen. Und wer nie lange an einem Ort bleibt, der wird den Garten vielleicht auch nur als Ort zum Erholen und Sonnenbaden ansehen.

Mit den Möglichkeiten spielen

Ein Garten bietet also unzählige Möglichkeiten, die genauso verschieden sein können wie die Besitzer. Im Prinzip ist Gärtnern kinderleicht! Kinderleicht, weil Kinder die Welt anders sehen als Erwachsene. Sie versuchen alles zu begreifen und nehmen sich die Zeit, um interessante Dinge genau zu erforschen. Auch lassen sie sich nur wenig von Vorurteilen beeinflussen und machen einfach das, was sie wollen. Genauso sollte man an das Gärtnern herangehen. Überlegen, was man möchte, und es dann machen! Probieren, was man probieren möchte, und wenn es nicht klappt, trotzdem nicht aufgeben! Sich Zeit für den Garten nehmen und umgekehrt aber auch dem Garten Zeit lassen.

So sahen die Blumen von Seite 63 nach dem Hagelsturm im letzten Sommer aus: Zermatscht schwimmen sie mit den schmelzenden Hagelkörnern in einer großen Wasserpfütze.

Unwetter und andere Miesmacher

Ein Garten ist immer auch den Launen der Natur ausgesetzt. Man kann nicht vorhersagen, wie der Sommer sein wird, wann der Winter ins Tal schneit oder ob der Frühling noch lange auf sich warten lässt. Hagelstürme können ein sommerliches Blütenmeer im

Handumdrehen zerstören. Wenn sie vorüber sind, steht der halbe Garten unter Wasser und überall in den Pfützen schwimmen geschundene Blüten, gemeinsam mit den langsam schmelzenden Hagelkörnen. Unser Garten wurde im letzten Sommer von einem solchen Unwetter heimgesucht. Die Hagelkörner waren so groß wie Tischtennisbälle. Rosen wurden von ihren Rankhilfen gerissen, Lilien enthauptet und Balkonblumen zerstückelt. Die Wiese im Obstgarten war übersät mit grünen Äpfeln. An eine Ernte war nicht mehr zu denken. Was macht man nach so einem Unglück?

Ärmel hochkrempeln und los!

Am besten fängt man gleich am nächsten Tag mit dem Aufräumen an. Abgebrochene Triebe und zerbeulte Blätter müssen zurückgeschnitten werden, umgefallene Pflanzen werden aufgebunden und jene, die nicht mehr zu retten sind, eventuell ersetzt. Man glaubt gar nicht, wie schnell der Garten sich dann wieder erholt. Manches treibt von unten her wieder aus und blüht dann im Herbst anstatt im Sommer. Anderes wird durch den Rückschnitt buschiger. Hätte man lediglich Trübsal geblasen, wären zerlöcherte Hostablätter, vor sich hin faulende Sommerblumen und nieder liegende Stauden noch die ganze Saison über das dominierende Gartenbild gewesen. Richtig Gärtnern heißt auch, die Launen der Natur zu akzeptieren. In manchen Jahren verlangt sie uns etwas mehr ab als in anderen. Wer sich davon nicht einschüchtern lässt, hat schon mal die richtige Einstellung, um als gärtnernder Mensch glücklich zu werden.

Cyclamen coum zeigt sich vom Frühlingsschnee unbeeindruckt.

Immer wieder gern schaue ich mir ein Foto aus der Anfangszeit meines Gartens an. Es zeigt eine Narzisse, die ihre sonnengleiche Blüte aus einer dicken Schneedecke emporstreckt. Sie wurde im April von der Rückkehr des Winters überrascht und hat sich als einzige Blume nicht von der Schneedecke unterkriegen lassen. Sie strahlt große Hoffnung aus und will sagen, dass es immer irgendwie weitergeht und eigentlich alles halb so schlimm ist.

Der neue Gartenzaun war noch nicht einmal ganz fertig, da erkannte Gina schon den großen Wert der Betonsäulen als Aussichtspunkt für ihre Streifzüge im Garten.

Der Mörder ist nicht immer der Gärtner – Tiere im Garten

„Early bird catches the worm. – Der frühe Vogel fängt den Wurm.“ In meinem Garten muss er allerdings aufpassen, dass er nicht selbst zum Wurm wird, denn auch meine Katze Gina ist gern im Morgengrauen unterwegs. Als geschickte Jägerin hat sie keine Skrupel, ihm aufzulauern.

Abgesehen davon, dass ich nur selten ein Federtier zu Gast habe, wirkt sich die Anwesenheit der Katze aber nicht negativ auf die Tierwelt im Garten aus. Sie begnügt sich die meiste Zeit des Tages damit, wie ein Löwe in der Savanne den faulenzenden und grundgütigen Pascha zu spielen, der sich seiner privilegierten Stellung wohl bewusst ist.

Und diese Tierwelt, über die sie da herrscht, ist beachtlich vielfältig! Weil wir auf einer großen Lichtung wohnen, kommen bei uns ausnehmend viele Wildtiere von ringsum zu Besuch. Besonders die Insektenwelt profitiert vom großen Angebot an Wildblumen in den Beeten und findet sich darum sehr artenreich ein.

Ungebetene Gäste

Doch neben den Insekten fühlt sich auch ein anderes Tier von den Pflanzen in unserem Garten magisch angezogen. Nie werde ich vergessen, wie meine Mutter im ersten Jahr nach dem Hausbau geflucht hat, als eines Morgens alle Knospen an zwei frisch von ihr gepflanzten Englischen Rosen der Sorte 'Graham Thomas' verschwunden waren. Wir

Der Mörder ist nicht immer der Gärtner – Tiere im Garten

Nur zehn Meter vom Haus entfernt fressen zwei Rehe an den jungen Triebknospen unseres alten Apfelbaumes. Der harte Winter trieb sie auf der Suche nach Nahrung in Menschennähe.

wussten erst nicht, was wir davon halten sollten, denn auch an meiner 'Abraham Darby' fehlten Knospen. Wollte uns da jemand einen bösen Streich spielen und hat absichtlich unsere Rosenblütenträume zerstört?

Des Rätsels Lösung kam mir erst später, als ich an ein sehr empfehlenswertes Buch von Barbara Frischmuth dachte, das ich einmal gelesen hatte. In „Fingerkraut und Feenhandschuh" schreibt sie davon, wie Rehe, die sie spöttisch „Trughirsche" nennt, regelmäßig ihre Rosensträucher kahl fressen. Und genau die stellten sich auch in unserem Fall als die Schuldigen heraus. Der Entschluss, den Garten zu umzäunen, fiel uns infolgedessen nicht mehr schwer. Dennoch besuchen uns die Rehe weiterhin regelmäßig. Der große Obstgarten, der den Hof umgibt, liefert ihnen im Herbst massenhaft süßes Fallobst, von dem sie gerne naschen. Einmal, es war im tiefsten Winter, hatte ich sogar die Gelegenheit, sie in nur zehn Metern Entfernung bequem vom Wohnzimmerfenster aus fotografieren zu können. Es lag richtig viel Schnee, und dem alten Apfelbaum neben dem Gemüsegarten war unter der Last ein großer Ast abgebrochen, der nun traurig auf den Boden herabhing. Die Rehe nützten diese Gelegenheit und fraßen um die Mittagszeit herum in aller Seelenruhe die jungen Triebknospen des Astes ab. Es muss ein harter Winter für sie gewesen sein. Auch wenn junge Knospen für „Trughirsche" eine wahre Delikatesse sind, so ist es doch äußerst ungewöhnlich, dass sie derart wenig Scheu zeigen.

Fotosafari im Garten

Mit den Tieren im Garten kann man so einiges erleben, und es lohnt sich, stets eine Digitalkamera bereitzuhalten, mit der man in solchen Momenten gute Fotos machen kann. Im Laufe eines Sommers kommt so einiges zusammen. Wenn es dann im Winter kalt und ungemütlich im Garten ist, schaue ich mir gern diese Bilder an, denn sie können einen richtig aufmuntern. Da findet sich zum Beispiel ein Schnappschuss vom Frühling, der Gina zeigt, wie sie sich verspielt zwischen den ersten Krokussen herumkugelt, ein Bild, auf dem zwei Hummeln sich um eine Mohnblüte streiten, eine Krabbenspinne, die in einer Pfingstrosenblüte auf der Lauer liegt, oder ein Foto, auf dem drei Bienen drei Blüten der Wildtulpe *Tulipa tarda* „synchronbestäuben".

Überhaupt habe ich die meisten Fotos von der ganz gewöhnlichen Honigbiene. Mein Großvater ist Imker und seine vielen Bienenstöcke stehen nur wenige Meter vom Garten entfernt zwischen den Obstbäumen in der Wiese. Die Bienen liefern nicht nur

Das ausgesprochen hübsche Tagpfauenauge gehört zu den schönsten Faltern und ist immer wieder gut für tolle Fotos . Hier bedient es sich an den Blüten des Wandelröschens *Lantana camara.*

Ganz in weiß blüht *Aquilegia vulgaris* 'Nivea', eine alte Sorte der Akelei. Vielleicht haben die beiden Käfer sie ja gerade deswegen als „Hochzeitsblume" auserwählt.

köstlichsten Honig, sondern bestäuben auch die Blüten der Obstbäume sehr effizient. Das bringt eine reiche Ernte, aus der mein Vater feine Edelbrände herstellt. Wenn man die gute Eignung der Honigbienen zum Fotomodel noch miteinbezieht, sind sie uns also auf dreierlei Arten von Nutzen. Für so manche meiner Blumen wird die übergroße Population der emsigen Hautflügler aber zur Last. Wenn sich etwa am Morgen eine lang gespornte Blüte der Goldakelei *(Aquilegia chrysantha)* öffnet, so ist sie am Abend meist von den vielen Besuchen der Bienen schon ganz abgenutzt und ihre graziösen Nektarsporne sind abgebrochen und zerlöchert.

Rushhour in einer Tulpenblüte. Tulpen stehen bei Bienen hoch im Kurs.

Rabiate Eindringlinge

Für die Löcher sind gern auch die Hummeln verantwortlich: Weil ihr Rüssel zu kurz ist, schaffen sie es nicht, an der Vorderseite der Blüte auf herkömmlichem Weg an den Nektar zu gelangen. Der befindet sich nämlich am Ende der circa sieben Zentimeter langen Sporne dieser Akeleiart. Sie beißen die „Füllhörner" daher von außen auf und gelangen durch diesen Schwindel an ihr Ziel. Die Akelei ist dabei die Betrogene, denn sie wird so nicht bestäubt und dazu auch noch beschädigt. Am Beispiel der Goldakelei kann man gut erkennen, wie sich manche Pflanzen an ihre Bestäuber anpassen. In ihrer Heimat Mittelamerika wird sie nämlich hauptsächlich von lang-rüssligen Schmetterlingen besucht, für die die Sporne genau die richtige Länge aufweisen. Die bei uns heimische Gewöhnliche Akelei *(Aquilegia vulgaris)* ist hingegen perfekt an die Bestäubung durch Hummeln und Bienen angepasst. Sie besitzt deshalb auch nur zweieinhalb Zentimeter lange Sporne. Ihre Blüten überstehen Bestäubungsattacken darum meist unbeschadet. Ich kann den Hummeln und Bienen deshalb nicht wirklich böse sein.

Drei Bienen beim Synchronbestäuben der charmanten Wildtulpe *Tulipa tarda*, die ursprünglich aus Zentralasien stammt.

Gärtners Grauen

Die wahren Übeltäter im Garten sind ganz andere, nämlich Schädlinge wie die allseits verhassten Nacktschnecken. Auch unser Garten blieb von diesen widerlichen Muskelschläuchen auf Kriechsohlen nicht verschont. Statt die Schnecken mit Salz oder Gift kaltzumachen, haben wir uns als Biobauern jedoch für eine sanftere Bekämpfungsart entschieden. Wir engagierten kurzerhand zwei Auftragskiller, die diese „Drecksarbeit" für uns erledigen. Wer behauptet, dass der Mörder immer der Gärtner ist, der irrt. Laufenten sind nämlich die geborene Schneckenpolizei.

Meine Mutter bekam ein Paar dieser Wasservögel geschenkt und nannte es „Bonnie und Clyde". Im Gegensatz zu ihren Namenspatronen im Film gehen sie bei uns selbst auf Verbrecherjagd und haben es tatsächlich geschafft, den Bestand an den unerwünschten Weichtieren auf ein tolerierbares Ausmaß zu reduzieren.

Die beiden Enten Bonnie und Clyde mit ihrem ca. acht Tage alten Nachwuchs.

Das Wichtigste für eine artgerechte Haltung von Laufenten sind ein trockener Stall, der in der Nacht Schutz vor Raubtieren bietet, und Wasser. Neben einem kleinen Teich oder einer eingegrabenen Wanne zum Schwimmen sollten überall im Garten verteilt Gefäße mit Wasser stehen. Nacktschnecken sind nämlich eine ziemlich klebrige und zähe Kost, besonders die gefürchtete Spanische Wegschnecke. Die Enten brauchen die vielen Wasserstellen, um sich nach einem besonders zähen Schleimer den Rachen spülen zu können. Was die Fütterung betrifft, so sollte man die Enten erst am späten Vormittag füttern, damit sie morgens, wenn die meisten Schnecken unterwegs sind, einen leeren, knurrenden Magen haben. Eine satte Ente ist nämlich ein schlechter Serienmörder.

Im vergangen Sommer hat unsere Entendame Bonnie zum ersten Mal erfolgreich gebrütet. Dreizehn putzige Entenküken schlüpften aus den Eiern und folgten ihrer Mutter fortan auf Schritt und Tritt. Für die Schnecken sollten harte Wochen folgen, denn schon nach wenigen Tagen hatten die Küken von ihren Eltern gelernt, wie man sie jagt. Junge Enten wachsen sehr schnell. Innerhalb weniger Wochen wurden unsere Küken zu ausgewachsenen Laufenten, und im Stall herrschte Platznot. Es war jedoch ein Leichtes, Abnehmer für sie zu finden. Die nützlichen Laufenten sind zu Recht sehr gefragt und momentan groß in Mode.

Mit List und Tücke

Neben den Schnecken finde ich vor allem solche Schädlinge besonders hinterhältig, die man nicht gleich als solche erkennt. Der Junikäfer und der Ohrwurm sind etwa solche Gauner. Ersterer ist, wie das Reh, ein Feinschmecker und hinterlässt unschöne Fraßschäden an den ersten Rosenblüten des Sommers. Besonders die duftenden Sorten wie 'Westerland', 'Rose de Resht', 'Pat Austin' und 'Graham Thomas' sind betroffen. Nach einem Junikäferüberfall sehen sie nicht mehr besonders ansehnlich aus. Trost spendet lediglich die Tatsache, dass es Junikäfer nur im Juni gibt. Diese dankbaren Rosensorten bilden nämlich bis in den Herbst hinein immer wieder neue Knospen.

Der Ohrwurm macht ebenfalls durch sein Fressverhalten auf sich aufmerksam. Obwohl eigentlich als Nützling bekannt, frisst er unansehnliche Löcher in Blätter und Blüten. Wie beim Junikäfer gibt es auch bei ihm Jahre, in denen er lästiger ist als in anderen. Besonders Kübelpflanzen, die nahe am Haus stehen, sind betroffen. Am meisten ärgert es mich, wenn die Ohrwürmer die Knospen einer seltenen Passionsblume aushöhlen, noch bevor diese sich öffnen konnte. Aufgehängte Tontöpfe, die man mit Holzwolle füllt, bieten den Ohrwürmern ein vermeintlich sicheres Versteck. Man kann sie mit deren Hilfe aber auch leicht fangen und irgendwo weiter weg vom Garten wieder aussetzen.

Eine Raupe der Trapezeule turnt an *Aquilegia atrata*, der Schwarzroten Akelei, herum.

Nützliche Helfer

Im Großen und Ganzen habe ich aber nur wenige Probleme mit Schädlingen. Ich versuche meistens, sie zu ignorieren, jedenfalls solange sie es nicht übertreiben. Hier und da ein paar Blattläuse sind zum Beispiel keineswegs schädlich oder gar besorgniserregend, sie bilden vielmehr eine hervorragende Nahrungsquelle für Marienkäfer und Schwebfliegenlarven. Würde man Gift spritzen, leiden auch diese sehr nützlichen Insekten darunter. Der Gedanke des schonenden Gärtnerns wäre umsonst gewesen. Auch die kräftigen Larven der ansonsten graziösen Florfliege ernähren sich von Blattläusen und werden aus diesem Grund umgangssprachlich auch Blattlauslöwen genannt.

Ausgewachsene Florfliegen bekommt man nur selten zu Gesicht. Sie haben etwas Elfenhaftes an sich. Es ist eine Freude, wenn man ihnen begegnet, und wer eine Kamera dabeihat, findet in ihnen anmutige Fotomodelle.

Tiere gehören zum Garten einfach dazu. Es ist schön zu sehen, wie ein naturnaher Garten nicht nur für Menschen, sondern auch für sie zu einer gern aufgesuchten Oase und neuen Heimat werden kann.

Ein blau schimmernder Blattkäfer dient hier der hübschen *Passiflora* 'Sandra' als Akzentschmuck.

Die Zaunwinde *Calystegia sepium* gehört zwar zu den schönsten Wildblumen, ist aber für die Gartenkultur wegen ihrer Starkwüchsigkeit nicht geeignet.

Wildblumen – wild, willig, billig

Letzten Endes spielt die Natur im Garten die Hauptrolle. Ohne sie geht gar nichts. Früher wurde oft versucht, gegen die Natur zu arbeiten. Die Gärten wurden manchmal sogar ausgesprochen naturfremd und künstlich angelegt. Für Wildblumen und Wildtiere galt das Motto: „Betreten verboten!", und auch vom Schaffen verschiedener Lebensräume im Garten hielt man noch nicht viel. Wenn es Probleme gab, waren hochgiftige Spritzmittel und Kunstdünger das erste Mittel der Wahl.

Heute ist das anders. Parkanlagen, Friedhöfe, botanische Gärten und ganz besonders die unzähligen Privatgärten werden immer mehr zu Rückzugsgebieten für heimische Tiere und Pflanzen. Für Eidechsen, Vögel, Insekten und kleinere Säugetiere sind sie oft sogar richtige Paradiese. Besonders erfreulich finde ich die wachsende Begeisterung der Gärtner für heimische Wildblumen. Viele Gärtnereien haben sich darauf eingestellt und halten eine entsprechend große Auswahl heimischer Blumen bereit.

Von Blumen und Menschen

Der Hummel ist es letztendlich egal, ob sie sich den Nektar von einem Wiesensalbei im Garten oder von einem auf der Weide holen muss. So leisten auch „in Gefangenschaft gehaltene Wildlinge", ihren Beitrag zum ökologischen Gleichgewicht. Spaziert man im Frühling beispielsweise durch die alten Villenviertel von Innsbruck, bietet sich einem ein herrlicher Anblick. Hier reiht sich Garten an Garten, und die großen Rasenflächen bedeckt ein Blütenmeer aus Schneeglöckchen, Frühlingsknotenblumen, Hohlem Lerchensporn und Blausternen. Sie halten sich dort längst nicht mehr an Grundstücksgrenzen. Oft lässt sich gar nicht mehr feststellen, von welchem Garten sie in welchen expandiert sind. Es müssen Zigtausende sein, die dort ein Zuhause gefunden haben. Man kann getrost sagen, dass diese Pflanzen zwar in der Natur selten geworden sind, aber dennoch als Art unter der Obhut des Menschen äußerst erfolgreich waren. Selbst an den Naturstandorten findet man nämlich selten so lückenlose und flächendeckende Bestände.

Das Orangerote Habichtskraut und die Futterluzerne geben ein kontrastreiches Duo ab, das sich bestens für bunte Blumenwiesen im Garten eignet.

Schlichte Schönheiten

Wildblumen strahlen eine natürliche Schönheit aus, sind wichtig für das Ökosystem Garten und häufig auch erstaunlich unkompliziert in der Handhabung, wenn man nur ihren Lebenszyklus kennt. Besonders sympathisch sind mir solche Blumen, die durch Selbstaussaat für ihr Fortkommen sorgen: Fingerhut, Glockenblumen, Akelei, Vergissmeinnicht, Gelber Scheinmohn, Lerchensporn, Wiesensalbei und Lichtnelke haben etwa ein solch gauklerhaftes Wesen. Sie erscheinen Jahr für Jahr an immer neuen Stellen in den Beeten. Ganz von selbst schließen sie so auch entstandene Lücken. Sie malen die Gartenbilder jedes Jahr neu, und wenn man

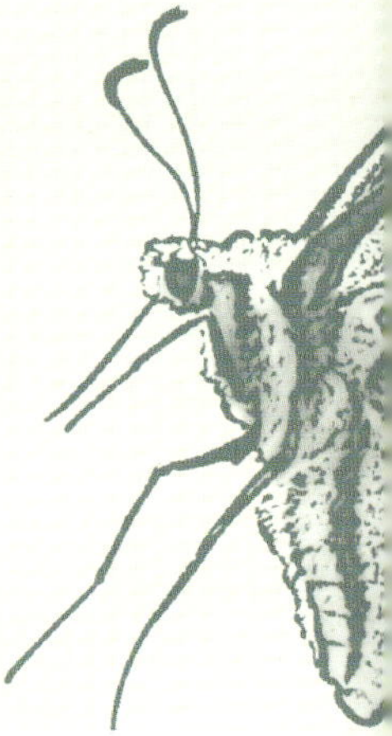

Scilla bifolia rosea ist die blassrosa blühende Form des heimischen Blausterns. Blausterne lassen sich gut in Rasenflächen und unter Gehölzen ansiedeln.

den Garten einmal vernachlässigt, sind sie die letzten, die sich beleidigt zurückziehen. Sollte sich eines dieser dankbaren Gewächse einmal zu stark ausbreiten und lästig werden, gibt es einen einfachen Trick, mit dem man das unterbinden kann: Sofort nach der Hauptblüte zurückschneiden, sodass keine Samen ausreifen können. Im Falle des Wiesensalbeis und der Glockenblumen sorgt das dann oft sogar für einen willkommenen zweiten Flor im Spätsommer.

Blütenwolken

Wie unkompliziert der Einsatz von Wildblumen im Garten sein kann, zeigt folgendes Beispiel: Ein Freund legte vor einigen Jahren im hinteren Bereich seines Gartens einen kleinen Gartenteich an. Vorher befand sich dort eine Kleewiese. Das anfallende Aushubmaterial hatte er zu drei Hügeln hinter dem Teich aufgeschüttet, die ziemlich trostlos und unansehnlich wirkten. Ich brachte ihm deshalb bei einem Besuch Samen von Wiesensalbei, Roter Lichtnelke und Witwenblumen mit, um sie auf den Erdhäufen auszustreuen. Besonders die Lichtnelken *(Silene dioica)* keimten und wuchsen sehr rasch. Sie hüllten schon im Mai des Folgejahres jene unscheinbaren Aufschüttungen in Blütenwolken aus verschiedenen Rosatönen, die sich über dem Meer aus Klee erhoben. Der Salbei und die Witwenblumen brauchten noch etwas länger, aber bereits im nächsten Jahr steuerten auch sie ihre Farben mit zu dem Spektakel bei, während die ersten Lichtnelken sich schon in die Kleewiese vorgewagt hatten. Heute ist dieser Bereich ein richtiges kleines Naturjuwel. Auch bei der Bepflanzung des Teichs wurden nämlich viele Wildblumen verwendet, die ebenfalls verwildern dürfen.

Grünes Intermezzo

Für biologisch denkende Gemüsegärtner können einige Wildblumen auf ganz andere Weise zu nützlichen Gehilfen werden. Schnellwüchsige Arten, die leicht aus Samen zu vermehren sind, eignen sich nämlich gut als hübsche Zwischenbegrünung für Brachflächen, damit der Boden sich erholen kann. Besonders unkompliziert funktioniert dies mit der schon erwähnten Roten Lichtnelke, der Wiesenglockenblume, dem Natternkopf und dem Waldvergissmeinnicht.

Die Wiesenflockenblume eignet sich gut für karge Böden und lockt nicht zuletzt auch durch ihre lange Blütezeit unzählige Insekten in den Garten.

Wird das betreffende Beet spätestens Ende Juli abgeerntet und dann sofort der Samen dieser Blumen darin ausgesät, wachsen die ersten Blattbüschel noch bis zum Herbst heran und schützen den Boden so vor Erosion. Im nächsten Frühling blühen die Wildblumen dann schon herrlich. Wenn sie verblühen, kann man sie auch schon wieder entfernen, um in dem Beet neues Gemüse anzusetzen. Ein paar Exemplare der Wildblumen sollte man jedoch stehen lassen, um im Sommer ihre frischen Samen ernten zu können. Mit diesen kann dann das nächste Gemüsebeet für eine Zeit lang auf Urlaub geschickt werden.

Rote Lichtnelken, Witwenblumen und Wiesensalbei blühen hier Ton in Ton in einem sehr naturfreundlich angelegten Garten.

Gern gesehene Gäste

In meinem Garten gibt es keinen speziellen Bereich, der nur für Wildblumen reserviert ist. Sie wachsen vielmehr überall vermischt mit gezüchteten und nicht heimischen Gewächsen aller Art, und genau das gefällt mir. Sie tragen so enorm zur großen Artenvielfalt in den Beeten bei, und auch meine Mutter konnte sich mittlerweile für so manche von ihnen begeistern. Besonders der hübsche blaue Wiesensalbei gefällt ihr, weil er eine schöne Begleitstaude für Rosen abgibt. Ich habe vom Wiesensalbei auch eine seltene rosa blühende Sorte, die ausgesprochen hübsch zu pinkfarbenen Rosen passt und sich genauso großzügig aussät wie die blaue Variante. Wichtig bei den wilden Gewächsen ist, dass man auf aggressiv wuchernde Arten wie Weidenröschen, Giersch, Zypressen-Wolfsmilch und Zaunwinden verzichtet. Die Zaunwinden entwickeln ein derart tiefgründiges Wurzelwerk, dass man sie im Nachhinein unmöglich wieder vollständig entfernen kann. Sie sind extrem anpassungsfähig und können sogar noch auf feuchten Böden wuchern. Schilfhalme, Rosen, Sonnenblumen, Ziersträucher, einfach alles wird von ihnen als Kletterhilfe missbraucht.

Consolida regalis, der hübsche Ackerrittersporn, gehört zu den einjährigen Wildblumen, die leicht aus Samen heranwachsen.

Heikle Heimische

Das andere Extrem sind die Diven der heimischen Flora. Ja, auch diese gibt es. Dabei denke ich an den weltberühmten Frauenschuh, den herrlich duftenden Diptam oder die elegante Türkenbundlilie. Sie alle wachsen bei uns wild, sind in Gärten aber nur äußerst selten anzutreffen. Das liegt nicht etwa daran, dass niemand es wagen würde, sie trotz strengstem Verbot an den Naturstandorten auszugraben. Dies hat eher damit zu tun, dass sie mehrere Jahre brauchen, um im Garten Fuß zu fassen. Bis sie sich vermehren, können gar Jahrzehnte vergehen. Auch in Gärtnereien gekaufte Exemplare, die speziell für die Gartenkultur herangezogen wurden, machen häufig keine Ausnahme. Selbst für fortgeschrittene Gärtner sind sie eine willkommene Herausforderung. Wenn es gelingt, sie im eigenen grünen Reich zu integrieren, kann man besonders stolz sein, nicht zuletzt auch, weil man damit das Überleben von bedrohten Arten unterstützt hat. Niemals sollte man diese Pflanzen der Natur entnehmen. Auch für nicht geschützte Arten gilt, dass es immer besser ist, nur ein paar Samen mitzunehmen, als gleich die ganze Staude auszugraben.

Mein Garten

Die seltene *Aquilegia buergeriana* kombiniert mit Steinbrech und Hornveilchen.

Der Stein trügt – von Mauern und Steinen

Wenn ich einen Bereich auswählen müsste, der mir in meinem Garten am besten gefällt, dann wäre das wohl der Natursteingarten. Wie der Name es schon verrät, habe ich in dieser Variante des Steingartens besonders darauf geachtet, dass alles naturnah gestaltet ist. Anstatt gegossene Betonkorbsteine zu verwenden, kommen Sand, Splitt, Schotter, Kies und ganze Felsbrocken in verschiedenen Gesteinsarten zum Zug. Mit ihnen habe ich einen Lebensraum nachgebildet, der den kargen Heimatstandorten der Steingartengewächse in den Bergen gleicht. Selbstverständlich muss das Ergebnis keine 1 : 1-Kopie der Natur sein, sondern darf ruhig ein wenig die künstlerische Freiheit des Gärtners beinhalten. Man kann zum Beispiel unmöglich für jede Pflanze extra jenes Gestein heranschaffen, auf dem sie in ihrer Heimat wächst. Am günstigsten ist es meistens, Steine aus der unmittelbaren Umgebung zu verwenden. Sie fügen sich außerdem am harmonischsten in die Landschaft ein. Manchmal „trügt der Stein", so wie bei Kreide und Schieferton. Beide sehen zwar hübsch aus, verwittern jedoch viel zu schnell. Geologisch gut geeignete Gesteinsarten für den Steingarten sind beispielsweise Sandstein, Granit, Kalktuff und Kalkstein.

Den Boden bereiten

Sowohl bei der Auswahl der Steine als auch beim Zusammenmischen des richtigen Pflanzsubstrates sollte man den pH-Wert berücksichtigen. Viele Pflanzenarten gedeihen auf alkalischem Boden, aber einige der schönsten mögen es lieber sauer. Besonders wer schwachwüchsige und oft kostspielige Raritäten kultivieren möchte, sollte sich vorher darüber informieren, welche Bedingungen die Pflanzen wünschen. Am besten gleich beim Kauf in der Gärtnerei nachfragen.

Mir fällt die Wichtigkeit dieser Unterscheidung immer wieder an den vielen Zwerg-Glockenblumenarten auf, die sich im Natursteingarten wohlfühlen. So entwickeln sich etwa die beiden heimischen Arten *Campanula cochleariifolia* und *Campanula barbata* bei mir bestens auf kalkhaltigem Boden, während die seltene *Campanula chamissonis* aus den japanischen Kurielen nur in ausreichend saurem Substrat ihre herrlichen blauvioletten Blüten zeigt.

Eine Erdmischung, die für die meisten Steingartengewächse geeignet ist, gewinne ich aus einem Teil Gartenerde beziehungsweise Lehm und einem Teil kalkfreiem Sand. Für ausgesprochene Kalkliebhaber verwende ich kalkhaltigen Sand.

Säureliebhabern, wie der oben erwähnten Glockenblume aus den Kurielen, mische ich ein Substrat, das zu einem Teil aus kalkfreiem Laubkompost besteht und zum anderen Teil aus ebenfalls kalkfreiem Kies oder Sand.

Beachtet man all dies, kann nicht mehr viel schiefgehen. Wichtig ist noch, dass ein Steingarten an einem sonnigen Platz im Garten angelegt werden sollte, weil der Großteil seiner Bewohner viel Licht benötigt. Auch darf kein großer Baum in unmittelbarer Nähe stehen. Herabfallendes Herbstlaub kann kleine Gewächse nämlich unter sich ersticken, und auch Pilzinfektionen treten dann häufiger auf.

Stein für Stein

Besonders gut für Steingärten sind Hanglagen geeignet, weil sich an ihnen leicht eine natürlich wirkende Formation von Steinen anlegen lässt. Es ist aber auch, so wie bei mir, auf flachem Boden nicht schwer, eine Minigebirgslandschaft entstehen zu lassen. Wie man an die Sache herangeht, ist natürlich dem eigenen Geschmack überlassen. Hauptsache man lässt sich nicht irritieren. Ich mache es immer wie folgt: Nach dem sorgfältigen Abtragen der Grasnarbe „koffere" ich das zukünftige „Steingartenbeet" etwa 40 Zentimeter tief aus und fülle es mit einem Erde-Sand-Gemisch wieder auf. Man könnte dafür auch alte Dachziegel oder sogar Bauschutt verwenden. Danach bilde ich mit aufgeschüttetem Sand, Schotter und Geröll einige Hügelformationen, die sozusagen das Grundgerüst des Minigebirges bilden. Dann geht es auch schon an die Details. Ich platziere größere und kleinere Steine und fülle dazwischen die verschiedenen Substrate ein.

Es macht Spaß, ein bisschen mit den Steinen zu spielen, und man sollte sich die Zeit nehmen, um verschiedene Gruppierungen auszuprobieren, bis man die wirkungsvollsten gefunden hat. Jeder Stein ist anders, und für jede Pflanze findet man so auch einen Stein, der ihr besonders gut steht. Meine Lieblingskombination ist derzeit übrigens ein silbrig weißes Edelweiß mit einem schwarzen, scharfkantigen Stein.

Pulsatilla albana lutea gehört zu den begehrten gelben Küchenschellen.

Probieren geht über Studieren

Die Pflanzenauswahl für den Steingarten ist abseits der Standardsorten wie Blaukissen und Polsterphlox riesengroß. Für Anfänger ist es daher gar nicht so leicht, sich einen geordneten Überblick zu schaffen. Ich empfehle deshalb für diese Pflanzengruppe den Besuch bei einer Spezialgärtnerei, denn dort bekommt man die beste Beratung. Wenn man den Gärtnern dort sagt, welche Bodenart man im Garten hat, werden sie einem gern bei der Auswahl behilflich sein. Oft kann man die richtigen Substrate für die Pflanzen auch schon als fertige Mischungen erwerben.

Bei mir läuft es jedoch meist ein bisschen chaotischer. Ich kaufe neue Pflanzen eher spontan und ganz nach Gefallen. So passierte es früher öfter, dass ich auf meinem Moped mit Kisten voller Pflanzen versuche, alles sicher in den Garten zu transportieren. Zu Hause informiere ich mich zunächst in einem guten Buch über ihre Ansprüche und gebe ihnen erst dann einen entsprechenden Platz. Jedes Jahr gibt es auf diese Weise viele Neuzugänge. Mit der Zeit haben sich bestimmte Pflanzen als besonders brauchbar herausgestellt. Von diesen möchte ich die schönsten auf den folgenden Seiten nun kurz vorstellen.

Die Pflanzen in meinem Steingarten

Das Leben in meinem Steingarten erwacht im Vorfrühling mit einigen bezaubernden Iris-Arten, die Zwiebeln bilden. In milden Wintern sprießen sie sogar schon Ende Februar. Für die frühe Jahreszeit erscheinen die leuchtenden Blüten viel zu groß und sind in der ehe noch kahlen Umgebung ein wahrer Blickfang. Besonders beliebt sind die Sorten der

Netziris *(Iris histrioides)*, die es in verschiedenen Blau- und Violetttönen gibt. Aber auch das leuchtende Gelb der *Iris danfordiae* aus der Türkei möchte ich nicht mehr missen. Es passt hervorragend zur blauvioletten Verwandtschaft. Leider sind diese kleinen *Iris* bei warmer Witterung bereits nach wenigen Tagen wieder verblüht. Zurück bleiben lediglich die nadelförmigen Blätter.

Um einiges länger hält das ebenfalls früh erwachende Vorfrühlingsalpenveilchen *(Cyclamen coum)* durch. Seine Blüten sind zwar nur etwas mehr als einen Zentimeter groß, aber von einem derart kräftigen Pink, dass sie durchaus mit denen der Irissorten konkurrieren können. Kombiniert man die beiden miteinander, so erhält man eines der ersten Traumpaare im Gartenjahr, die sich in ihrer Wirkung gegenseitig noch steigern. Das Alpenveilchen sät sich, wenn es sich wohlfühlt, von selbst aus und kann mit den Jahren kleine Gruppen bilden, die aber nie wuchern.

Wenn diese Vorfrühlingsblumen verblüht sind, wird es allmählich immer bunter zwischen den Steinen. Nun blüht die majestätische Geweihiris *(Iris bucharica)*, deren gelb-weiße Blüten zahlreich in den Blattachsen gebildet werden. Außerdem stellen sich botanische Krokusse, Hungerblümchen, Gänsekresse, Walzenwolfsmilch, Aurikel, Steinbrech und die ersten pelzig behaarten Blüten der eleganten Küchenschellen ein. Die Küchenschellen *(Pulsatilla)* gehören zu den langlebigsten Stauden im Steingarten und werden über die Jahrzehnte hinweg immer prächtiger. Selbst meine erst wenige Jahre alten Exemplare sind schon üppig genug, um bis in den April hinein das Bild im Steingarten zu dominieren. Besonders auffällig sind die großblumigen Sorten der heimischen *Pulsatilla vulgaris*, sie blühen in verschiedenen Violett- und Rottönen. Mir ist die etwas bescheidenere, jedoch schlichtweg bezaubernde, kaukasische *Pulsatilla albana lutea* aber am liebsten. Sie gehört zu den begehrten, gelb blühenden Küchenschellen und gedeiht genauso problemlos wie ihre bekannteren Verwandten. Für alle Pulsatillen ist ein tiefgründiger Boden wichtig, damit sie ihre langen Pfahlwurzeln ungehindert ausbilden können.

Cyclamen coum, das charmante Vorfrühlingsalpenveilchen bildet im Steingarten durch Selbstaussaat kleine Gruppen.

Digitalis obscura, ein ursprünglicher Spanier, gehört zu den farbenprächtigsten Fingerhüten für den Natur-Steingarten.

Frühling im Steingarten

Mit dem fortschreitenden Frühjahr nimmt die Blütenfülle weiterhin zu. Sie erreicht in meinem Garten ihren Höhepunkt im Mai, wenn die Akeleien blühen. Zu dieser meiner absoluten Lieblingsblume aber an anderer Stelle im Buch mehr. Ebenfalls im Mai beginnt die Blütezeit der hochgiftigen Gattung Digitalis, den Fingerhüten. Der anspruchslose Große Fingerhut *(Digitalis grandiflora)* und der feingliedrige Gelbe Fingerhut *(Digitalis lutea)* sind bei uns heimisch. Beide blühen blassgelb und man muss sie nicht unbedingt im Steingarten ziehen, sie würden auch in den Staudenbeeten gut wachsen. Für die Arten aus den wärmeren Teilen Europas ist die Steingartenkultur jedoch lebenswichtig. Sie überstehen den Winter nur auf durchlässigen Böden, weil sie Staunässe nicht vertragen.

Sehr reich und zuverlässig blüht bei mir Digitalis lanata, der Wollige Fingerhut. Seine Blüten sind cremeweiß und besitzen eine braunrote Äderung. Der Wollige Fingerhut stammt aus der Türkei und ist von großer Bedeutung für die Pharmaindustrie, weil er besonders viele herzwirksame Stoffe enthält. Auch *Digitalis ferruginea* und *Digitalis parviflora* sind wüchsig und nicht nur wegen ihrer Exklusivität zu empfehlen. Ersterer blüht semmelfarben, Letzterer in einem ungewöhnlichen Rostbraun, das gar nicht so einfach zu kombinieren ist.

Am besten gefällt mir jedoch *Digitalis obscura* aus Spanien. Seine behaarten, braunorangefarbenen Blüten tragen innen zusätzlich zu den Punkten eine delikate weinrote Zeichnung. Man könnte diesen hübschen Spanier glatt mit einem Bartfaden verwechseln. Bartfäden *(Penstemon)* gehören nämlich wie auch die Fingerhüte zu den Rachenblütlern und blühen auch zur selben Zeit. Am winterhärtesten ist bei mir der violett-weiße *Penstemon hirsutus*. Zusammen mit einer spornlosen Scheinakelei *(Aquilegia ecalcarata)* gibt er eine der charmantesten Kombinationen des frühsommerlichen Steingartens ab.

Sommerliche Verschnaufpause

Im Sommer wird es etwas ruhiger in meinem Minigebirge. Hier und da noch eine der später blühenden Akeleiarten, ein paar Glockenblumen und vereinzelte einjährige Sommerblumen wie Mohn, Färbermädchenaugen und Tagetes, deren Samen wohl der Wind hierhergetragen hat. Den wenigen Pflanzen, die jetzt in voller Blüte stehen, gehört nun die ganze Aufmerksamkeit. Besonders das Edelweiß hat sich sehr prächtig entwickelt und gibt mit seinen silbrig weißen Blütenständen nun über Wochen den Ton an. Ich habe es in größeren und kleineren Gruppen gepflanzt und hätte nie gedacht, dass es so gut wachsen würden. Bereits im zweiten Jahr nach der Pflanzung war es so sehr in die Breite gegangen, dass ich kleinere Nachbarpflanzen wie Aurikeln und Hauswurz evakuieren musste, damit sie nicht völlig untergehen. Neben einem gut durchlässigen Boden und einem vollsonnigen Standort ist es für das Edelweiß wichtig, dass man es im Herbst nicht zurückschneidet. Die eingetrockneten Triebe schützen das „Herz" der Pflanze nämlich vor starkem Frost. Jetzt fragt man sich bestimmt, wozu ausgerechnet eine Pflanze aus rauen Hochgebirgslagen Winterschutz braucht. Die Antwort ist einfach: In den Hochlagen der Berge liegt im Winter immer eine dicke schützende Schneedecke, unter der nie starke Minusgrade herrschen. Im Tal hingegen liegt nicht immer Schnee und der Frost sowie eiskalte Winde können in voller Härte zuschlagen.

Der krönende Abschluss

Im Herbst bildet eine Blume, mit der man zu dieser Jahreszeit nicht rechnen würde, den Abschluss. Es handelt sich um einen Krokus. *Crocus speciosus,* der aus Osteuropa stammende Prachtkrokus, blüht nicht wie seine Verwandten im Frühling, sondern zeigt seine großen Blüten von September bis Oktober. Diese sind violett mit einer dunklen Äderung; die rotorangefarbenen Staubgefäße im Zentrum sieht man nur bei Sonnenschein, wenn die Blüten offen sind.

Oft wird der Prachtkrokus mit der bekannteren Herbstzeitlose *(Colchicum)* verwechselt, die aber nicht nur einer anderen Pflanzenfamilie angehört, sondern sich auch im Blütenbau durch einige Merkmale von ihm unterscheidet. Es ist ratsam, die

Crocus ancyrensis, der hübsche Ankara-Krokus, ist mit seiner leuchtenden Farbe ein Highlight im Frühlingsgarten, auch für viele Insekten.

Zwiebeln von *Crocus speciosus* bereits im August zu pflanzen, damit sie vor dem Winter noch genügend Zeit für die Blütenbildung haben. Ansonsten sind sie ähnlich zu pflegen wie andere Krokusse und gut winterhart.

Die Steinmauer – ein vertikales Blumenbeet

Der Umstand, dass wir für die vielen landwirtschaftlichen Maschinen eine Tiefgarage brauchten, sorgte dafür, dass wir beim Hausbau auch zwei hübsche Natursteinmauern aus großen Felsblöcken bekamen. Sie begrenzen die Einfahrt in die Garage zur Seite hin und sind an der tiefsten Stelle fast vier Meter hoch. Die Baufirma hatte beim Anlegen der Mauer Grassoden in die Fugen zwischen den Felsen gebettet, die dort einwurzeln sollten, um der zusätzlichen Befestigung zu dienen. Da meine Mutter und ich im ersten Jahr nur wenig Zeit hatten, uns um die Mauern zu kümmern, waren sie bald komplett zugewuchert von den Gräsern und so manchem Unkraut. Erst in den Folgejahren tauschten wir nach und nach den Wildwuchs gegen robuste Steingartenpflanzen wie Duftsteinkraut und Polsterphlox aus, die hier prächtig gedeihen. Mittlerweile habe ich auch viele Ableger von Pflanzen aus meinem Natursteingarten in die noch freien Stellen gepflanzt. So blühen dort jetzt unter anderem verschiedene Akeleien, Gelber Lerchensporn, Glockenblumen, Leinkraut, Johanniskraut und mehrere *Sedum*-Arten. Ganz oben auf die Mauerkrone haben wir gute Erde aufgebracht, sodass dort Lavendelbüsche und die bodendeckende Rose 'Heidetraum' ein Auskommen finden. Auch Blütenstauden wie der Kaukasischen Skabiose *(Scabiosa caucasica)* gefällt es dort. Die Mauern sehen nun richtig schön aus und sind zu charmanten, vertikalen Blumenbeeten geworden. Mir gefällt es auch, dass sie vielen Tieren Unterschlupf bieten. Besonders sympathisch ist

Digitalis parviflora, eine ungewöhnliche Fingerhutart mit rostbraunen Blüten, blüht hier zusammen mit Arnika und Habichtskraut in der Steinmauer.

Frühlingserwachen im Steingarten mit Traubenhyazinthen, Narzissen und Lerchensporn. Auch Gina versteckt sich auf dem Foto ....

mir ein Kohlmeisenpaar, das die scheinbar gedankenlose Frechheit besitzt, im Revier meiner stets hungrigen Katze Gina zu brüten. Es hat eine kleine, unerreichbare Höhle zwischen den Felsen gefunden und bewohnt diesen Ort nun schon den dritten Sommer. Gina hatte in all der Zeit nie die Gelegenheit, mehr als nur einen Blick zu erhaschen, und hat gewiss schon die Hoffnung aufgegeben. Auch Katzen können mal versagen ...

Clematis 'Pixie', eine frühlingsblühende Waldrebe.

Campanula cochleariifolia 'Alba', die Weiße Zwergglockenblume.

Wer schön sein will, muss rosten – der Rostgarten

Die Umweltverschmutzung ist leider auch in der heimischen Natur allgegenwärtig. Vor einigen Jahren noch war es gang und gäbe, störende Abfälle einfach im Wald zu entsorgen. Während meiner Spazier- und Erkundungsgänge in den Wäldern der Umgebung stieß ich immer wieder auf solche wilden Müllhalden. Waschmaschinen, Fernseher, Badewannen, Glasflaschen – es gibt kaum etwas, dessen sich die Leute nicht auf diese Art und Weise entledigen. Vieles davon liegt schon seit Jahrzehnten im Wald und ist bereits stark verrostet. Kaum noch als das zu erkennen, was sie einmal waren, sehen alte Eimer, rostige Wannen und Metallteile oft wie kleine Kunstwerke aus. Jene, die mir gefallen, nehme ich deshalb meist mit nach Hause und suche für sie einen schönen Platz im Steingarten. Mit der Zeit entstand so ein eigener Bereich, für den sich im Laufe der Zeit die Bezeichnung Rostgarten eingebürgert hat.

Schrottreif im Blütenkleid

Am meisten fällt der Rostgarten eindeutig im Frühling nach der Schneeschmelze auf. Die Pflanzen sind dann noch recht klein, und so sind all die Gegenstände für das Auge gut ersichtlich. Neben einem korrosionsgeplagten Hufeisen öffnet ein kleines Polster des Hungerblümchens erste gelbe Blüten. Küchenschellen erheben ihre großen Kelche

Ziemlich ungewöhnlich wirken die großen Blüten der gefüllten Herbstzeitlose 'Waterlily', die ohne Blätter direkt aus dem Boden zu wachsen scheinen.

zwischen den Überresten einer alten Sense und einer kreisrunden Radfelge. Eine Ranke der besonders früh blühenden *Clematis* 'Pixi' kraxelt zwischen rostigen Speichen herum und lässt dort ihre strahlend weißen Blüten erblühen. Außerdem spitzeln überall Krokusse, Traubenhyazinthen, Fritillarien und andere Zwiebelgewächse der Märzsonne entgegen. Später, wenn alles ausgetrieben ist und immer mehr Pflanzen blühen, verschwinden diese Gegenstände allmählich zwischen Blattwerk und Blütenständen. Man muss dann schon genau hinsehen, um alles zu entdecken. Eine alte zerlöcherte Gießkanne wird von Feldthymian *(Thymus vulgaris)* und dicht gefüllten Polsternelken *(Dianthus)* in Rotviolett umgarnt. Im Hintergrund greifen Scheinakelei *(Aquilegia ecalcarata)*, Wiesenglockenblumen *(Campanula patula)* und Bartfaden *(Penstemon hirsutus)* das violette Farbthema auf. An anderer Stelle präsentiert die nur zehn Zentimeter hohe japanische Fächerakelei ihre hübschen Blüten neben einer ausgedienten Kartoffelpüree-Presse, die bereits Moospölsterchen angesetzt hat. Gleich daneben findet man die majestätische Gestalt einer niedrigen Bartiris-Sorte direkt beim zerfallenen Metallgehäuse einer Schreibmaschine. Etwas hochmütig blicken ihre dunkelvioletten Blüten aus gerade mal 30 Zentimeter Höhe auf eine kleine schneeweiße Zwergglockenblume *(Campanula cochlearifolia)* herab. Diese schiebt ihre zahlreichen Triebe zwischen den Sprungfedern eines alten Fahrradsattels hindurch. Im Herbst blüht an dieser Stelle die wunderschöne, dicht gefüllte Herbstzeitlose 'Waterlily'. Tatsächlich erinnern ihre großen Blüten sofort an Seerosen. Gerade in Kombination mit dem Fahrradsattel erscheint sie darum wie aus einer anderen Welt.

Die Schönheit des Vergänglichen

Wie auch an anderen Stellen in meinem Garten ist es auch im Rostgarten wieder die Hauswurz, deren Präsenz das ganze Jahr über erfreut. In alte Teetassen, Schüsseln und Blechdosen ge-pflanzt, ist sie eine anspruchslose Zier, die auch mit wenig Boden zum Leben noch ein Fortkommen findet und wächst. Manchmal wird eine meiner Rostskulpturen derart von den Pflanzen überwuchert, dass ich sie umsiedeln muss, damit sie nicht irgendwann komplett unter ihnen verschwindet. Der Wollige Thymian hätte so beinahe die Metallspitze einer alten Harke unter sich begraben. Aber auch sonst stelle ich immer wieder mal etwas um, und so zeigt der Rostgarten ständig ein neues Gesicht. Betrachtet man ihn eine Weile, muss man unweigerlich an frühere Zeiten denken. Jeder Gegenstand hat seine eigene Geschichte. Wie viel Gras mochte die stumpfe Sense zu ihren „scharfen Zeiten" wohl geschnitten haben und wie viele Briefe die Schreibmaschine geschrieben? Wessen Hintern saß auf dem alten Fahrradsattel und welche Blumenarten wuchsen in den Gärten, als die löchrige Gießkanne noch neu war und regelmäßig zum Einsatz kam? So ein Rostgarten ist ein Ort, der die Fantasie anregt, aber auch ein Ort voller Inspiration. Er hat seine ganz eigene Persönlichkeit und erweitert einen vielfältigen Garten um die Schönheit des Vergänglichen, die nirgends deutlicher zum Vorschein tritt als hier. Alles ist vergäng-lich. In einigen Jahren werden von vielen meiner Rostgebilde wohl nur noch unerkennbare Brösel übrig geblieben sein und nichts mehr erinnert an ihre Existenz. Sie sterben langsam. Langsam aber sicher – und werden dabei immer mehr dem Erdboden gleich.

Scheinakelei, Polsternelke, Feldthymian und Bartfaden unterstreichen den verwunschenen Charme, den die rostige Gießkanne ausstrahlt

Im Frühsommer erscheinen die hübschen Blütensterne der Spinnwebenhauswurz und es wird richtig bunt im Tonscherbengarten.

Der Ton macht die Musik – der Tonscherbengarten

Ist man einmal nicht so gut gelaunt oder leidet unter Aggressionsstau, hilft es angeblich, Porzellan zu zerschlagen. Tontöpfe haben sicher den gleichen Effekt, und es macht sogar Spaß sie zu zertrümmern, wenn man einen guten Tag hat und allerbester Laune ist. Mit ein bisschen Kreativität kann man das dabei entstehende Scherbenmeer nämlich zur Verschönerung des Gartens einsetzen.

Die Idee, einen Tonscherbengarten anzulegen, war bei mir die Folge eines spontanen Kaufrausches, bei dem ich unter anderem eine Kiste voll verschiedener Hauswurze *(Sempervivum)* erstanden hatte. Hauswurze liegen momentan im Trend, denn neben ihren hübschen sommerlichen Blütensternen zieren sie das ganze Jahr über mit den artischockenförmigen Blattrosetten. Es gibt sie in verschiedenen rötlichen, braunen und grauen Schattierungen, mit weißen, gelben oder rosafarbenen Blüten. Besonders die Sorten der Spinnwebenhauswurz *(Sempervivum arachnoideum)* mag ich sehr gern. Bei ihnen sind die Blattrosetten von silbrigen Haaren überzogen, die der Pflanze im Hochgebirge als Kälte- und Verdunstungsschutz dienen.

Zuerst wollte ich meine neuen Hauswurze nur überall im Natursteingarten zwischen den anderen Pflanzen verteilen. Ich befürchtete aber, dass sie dort schnell von wüchsigeren

Zahlreiche Raritäten, wie die elegante *Hosta venusta*, verbergen sich im Tonscherbengarten. Glockenblumen, Storchschnabel und Rittersporn sorgen für den passenden Hintergrund.

Pflanzen überwuchert werden könnten. Also musste wieder einmal ein eigener Bereich her! Zu der Zeit führte noch ein Rindenmulchweg mitten durch den Steingarten, um in das dahinterliegende Staudenbeet gelangen zu können. Eigentlich diente er dem Zweck, mir die Pflegearbeiten zu erleichtern, aber ich beschloss kurzerhand, dass er von nun an der Geschichte angehören sollte. Schon bald war er unter einem Haufen aus sandiger Erde verschwunden. Den dabei entstandenen Hügel bepflanzte ich dann mit den verschiedensten *Sempervivum*-Arten. Weil sie vorher in Tontöpfen standen, hatte ich nach getaner Arbeit einen ganzen Stapel von diesen übrig. Zum Wegwerfen waren sie mir irgendwie zu schade. Außerdem, so fand ich, passte das Ziegelrot sehr gut zu den Sempervivum-Pflanzen. Und wieder folgte ich einer spontanen Eingebung: Ich schlug die Töpfe einfach kurz und klein, bis nur noch Scherben um mich herumlagen. Diese Tonscherben legte ich überall zwischen die Hauswurze, und schon war ein neuer Gartenbereich entstanden – der Tonscherbengarten.

Farbkleckse im Trümmerfeld

Wann immer ich zu neuen Tontöpfen komme, vergrößere ich meinen Scherbengarten. Längst finden sich darin nicht mehr nur *Sempervivum*-Arten, sondern auch viele andere Pflanzen. In meinem Tonscherbengarten haben deswegen etliche zierliche Pflanzen und Raritäten eine Heimat gefunden, die man an anderen Standorten leicht übersehen würde. Zwergenhafte Akeleien, wie die heimische *Aquilegia einseleana* und die amerikanische *Aquilegia chaplinei* zum Beispiel. Beide haben ganz fein gefiedertes Blattwerk, sodass man außerhalb der Blütezeit denken würde, man hätte es mit kleinen Farnen zu tun. Wenn sie dann aber blühen, wird es richtig fröhlich und farbenfroh zwischen den Scherben: *A. einseleana* trägt leuchtend blaue Blüten mit ganz kurzen Spornen, *A. chaplinei* hat ein strahlendes Goldgelb zu ihrer Farbe auserkoren. Da sie ausgesprochen langspornig ist, erinnern ihre Blüten an Kometen.

Das zierliche Hungerblümchen hat seinen Auftritt schon einige Monate vor den Akeleien. Oft erscheinen seine gelben Kreuzblüten bereits Ende Februar und läuten so den Blühreigen der Zwerggewächse ein. Ein ganz besonderer Schatz ist *Hosta venusta*, die im Vergleich zu den bekannten Hostasorten für schattige Staudenbeete geradezu winzig klein wirkt. Ihre Blatthorste werden gerade einmal fünf Zentimeter hoch. Die Blüten sind im Verhältnis zu den Blättern jedoch richtig groß und strecken sich eine Handbreit höher empor. Sie sind violett und glockenförmig, ähnlich denen vieler Glockenblumen, die auch in diesem Gartenbereich nicht fehlen dürfen. *Campanula cochleariifolia* 'Miss Willmott' stellt ihre blassblauen Blütenglocken vor einem Horst aus winzigem Zierlauch *(Allium)* zur Schau. Den kleinen Lauch habe ich in einen heil gebliebenen Tontopf gepflanzt, anstatt ihn direkt auszupflanzen. Das hat den Vorteil, dass man ihn nach Belieben umstellen und nach der Blütezeit, wenn er einzieht, sogar etwas verstecken kann. Er sieht dann nämlich aus wie dürres Gras.

Rettungsboot im Scherbenmeer

Auch kleinere Kübelpflanzen, wie die vielgestaltigen Duftpelargonien, verbringen ihre Sommerfrische gern im Tonscherbengarten. Man pflanzt sie in einen alten Tontopf, und schon tragen sie das passende Gewand für die Scherben- und Splittergesellschaft. Im Herbst darf man nicht vergessen, sie rechtzeitig wieder einzuräumen. Tontöpfe sind im Allgemeinen gut für Kübelpflanzen. Ton ist ein natürliches Material, das atmet und Wasser speichern kann. Auf diese Weise sorgt ein Tontopf für besseres Wohlbefinden der Pflanzenwurzeln als etwa ein Plastiktopf. Im Sommer verdunsten Tontöpfe zwar mehr Wasser, aber weil sie dadurch den Wurzelballen auch kühl halten, ist das eindeutig als Vorteil anzusehen.

Pelargonium fulgidum, eine selten kultivierte Wildpelargonie aus Afrika, genießt die Sommerfrische im Tonscherbengarten.

Der Ton macht die Musik

Auch im Winter bewahrt der Tonscherbengarten seinen Reiz. Liegt kein Schnee, legt sich der Raureif über die Scherben und lässt das Auge besonders aufmerksam für die verschiedenen Strukturen werden. Im Sommer wird man leicht von den vielen Farben abgelenkt. Jetzt aber machen die Glätte der Tonscherben, die raue Oberfläche einiger rostiger Accessoires, die wollige Behaarung der Spinnwebenhauswurz, der gläserne

Ein Kranz aus Tonscherben und Hauswurzen schmückt das von Glockenreben *(Cobea scandens)* umrankte Gartentor.

Glanz der Eiskristalle und die Vielfalt an Kieselsteinen die Show. Mit den gedämpften Winterfarben ist es zwischen den Tonscherben zwar etwas ruhiger geworden, aber keineswegs langweilig, denn der Ton macht die Musik!

Floristik mit Tonscherben und Hauswurzen

Türkränze haben eine lange Tradition und großen Symbolwert. Ein Türkranz ist nicht nur schön, er soll auch zeigen, dass hinter der Tür anständige Leute wohnen. Darum gilt er heute auch ein kleines bisschen als spießig. Dabei lässt sich abseits von Buchs-zweigen und Seidenmaschen auf einfache Art ein richtig schicker moderner Türkranz anfertigen, der alles andere als spießig ist!

Schnell sind ein paar Tontöpfe zerschlagen und die Scherben mit der Klebepistole auf einen Strohreifen geklebt. Den so entstehenden Kranz aus Tonscherben schmückt man je nach Geschmack mit verschiedenen Dingen, oder man lässt ihn, wie er ist. Am besten gefallen mir dazu abgeschnittene Hauswurzrosetten. Es hört sich brutal an, sie mit Heißkleber auf den Kranz zu kleben, aber tatsächlich macht es ihnen nichts aus. Monatelang halten sie ohne Wasser und Erde zwischen den Scherben und geben dem Kranz ein frisches Aussehen. Am besten klebt man sie in zerstreuten Gruppen auf den Kranzkörper, so wie sie auch im Garten wachsen. Zum Aufhängen macht sich Naturbast sehr gut, weil er nicht von der schlichten Schönheit des Tonscherbenkranzes ablenkt. Ob an der Haustür, am Gartentor oder auf ein kleines Tischlein gelegt – den ganzen Winter über gibt solch ein Kranz eine tolle Figur ab und strahlt Kreativität und natürlichen Stil aus.

Die außerordentlich robuste Taglilien-sorte 'Frans Hals' bringt zusammen mit verschiedenen Sorten der Sonnenbraut *Helenium* richtig Feuer in den Sommergarten.

Stauden zum Staunen

In vielen Gärten gibt es ansehnliche Pflanzengruppen, die das vorherrschende Hauptthema bilden. Farbenfrohe, üppig blühende Beete können allein mithilfe von einjährigen Sommerblumen angelegt werden, ein frühsommerliches Blütenmeer nur aus den glanzvollen Sträuchern der Gattung *Rhododendron* bestehen. Auch ein Koniferengarten besticht durch seine schlichten Farb-, Form- und Strukturkontraste.

Bei mir wachsen die verschiedenen Pflanzengruppen bunt gemischt durcheinander, obgleich man sagen kann, dass Stauden dabei den größten Anteil haben. Stauden sind nicht verholzende mehrjährige Pflanzen, deren oberirdische Teile den Winter über zumeist absterben. Sie überdauern die kalte Jahreszeit in ihrem Wurzelstock, aus dem sie im Frühling wieder neu austreiben. Klassische Beispiele sind Pfingstrosen, Rittersporn und Akelei. Auch viele Zwiebel- und Knollenpflanzen wie Narzissen, Schneeglöckchen und Buschwindröschen zeigen diese Lebensweise. Sie haben jedoch zum Überwintern spezielle unterirdische Speicherorgane ausgebildet, die ihnen im Frühling einen schnellen Start ermöglichen.

Die Staudenvielfalt in mitteleuropäischen Gärten ist inzwischen unüberschaubar geworden. Ständig werden neue Arten eingeführt und „frische" Sorten gezüchtet. Es gibt die unterschiedlichsten Farben, Formen und Wuchseigenschaften, sodass sich für jeden

Diese alte Primelsorte trägt ihre pinkfarbenen Blüten in lockeren Dolden und gehört zu den Gartenschätzen meiner Großmutter.

Geschmack und so ziemlich alle Gartensituationen etwas Passendes finden lässt. Die schönsten Staudenbeete gibt es ohne Zweifel in England. Perfekt geplant, sind sie dort der Grundstein für jeden Cottage-Garten, der etwas auf sich hält. Bei mir ist es mit der perfekten Planung allerdings etwas weniger weit her. Ich pflanze Stauden lediglich nach zwei Kriterien: Sind die Standortansprüche der Pflanze erfüllt und ist noch Platz frei?

Start in die Pflanzsaison

Die Gartensaison beginnt für den Staudenliebhaber bereits ganz zeitig im Frühling. Nach der Schneeschmelze lassen sich die Pflanzen besonders gut teilen und verpflanzen, weil die Wachstumsphase gerade erst begonnen hat. Im Sommer würden Stauden sehr unter der Hitze und Trockenheit leiden und sich nur langsam wieder erholen.

Einige erstaunlich robuste Stauden sind zu dieser Jahreszeit bereits auf dem Höhepunkt ihrer Blüte angelangt: Leberblümchen, Christrosen, Primeln, Lungenkräuter, Buschwindröschen, Veilchen, Frühlingsplatterbsen und so manche Polsterstaude im Steingarten sind solche Frühaufsteher. Zusammen mit verschiedenen Zwiebelgewächsen sorgen sie bei mir dafür, dass die Beete bereits im März wieder Farben und Formenvielfalt in Hülle und Fülle ausstrahlen.

Schätze aus Großmutters Garten

In jüngster Zeit haben alte, in Vergessenheit geratene Primelsorten mein Interesse vermehrt geweckt. Die modernen, großblumigen Sorten der Kissenprimel sind heutzutage zur billigen Massenware verkommen und taugen kaum noch zum Auswildern im Garten. Sie haben nichts mehr von dem Charme, der vielen traditionellen Sorten zu eigen ist. Glücklicherweise kultiviert meine Großmutter noch eine ganze Reihe althergebrachter Primeln. Ursprünglich stammen sie aus dem Garten meiner Urgroßmutter und wurden von Generation zu Generation weitergegeben, weil sie ausgesprochen robust, langlebig und schön sind. Entstanden sind sie aus Kreuzungen verschiedener Kissenprimeln *(Primula vulgaris)* mit der heimischen Waldschlüsselblume *(Primula elatior)*. Sie kombinieren daher die Farbenvielfalt der Kissenprimeln mit dem lockeren Wuchs der Waldschlüsselblumen. Dolden aus bis zu 20 rosafarbenen, violetten, pinkfarbenen, weißen, gelben, orangefarbenen und roten Blüten stehen an schlanken Schäften und bringen eine unbeschwerte Leichtigkeit in den Garten. Meine Großmutter hat mir Ableger vieler schöner Sorten geschenkt, und nun kümmere ich mich darum, dass sie erhalten bleiben. Jedes Jahr im Frühling pflanze ich nach der Blütezeit größere Pflanzen um und vermehre sie durch Teilung. Das geht recht problemlos, und man erhält dabei so viele Ableger, dass auch Freunde und Bekannte welche haben können.

Einige andere alte Sortengruppen der Gattung *Primula* haben es inzwischen etwas leichter, weil sie gerade eine Renaissance erleben. Besonders die Aurikeln *(Primula auricula)* und die Goldrandprimeln *(Primula* x *veris* 'Gold Lace'*)* werden wieder vermehrt im Gartenhandel angeboten und sind – wie die Sorten aus dem Garten meiner Großmutter – dankbare, langlebige Gartenpflanzen.

Die Sache mit dem Staunen

Ohne Zweifel haben in der Zeit vom Frühsommer bis zum Herbst die Stauden ihren großen Auftritt im Garten. Ein ländlicher Garten ohne Edelpfingstrose, Rittersporn, Eisenhut, Kugeldistel, Glockenblume, Sonnenbraut, Sonnenhut, Schafgarbe, Witwenblume, Storchenschnabel, Gelenkblume, Frauenmantel und Akelei wäre irgendwie unvollkommen. Alle werden gebraucht, denn sie sind die Klassiker, auf die man sich verlassen kann.

Wirklich zum Staunen bringen mich die besonderen, (noch) kaum bekannten Arten und Sorten, und davon gibt es mehr, als man denkt. Wenn man die Augen offenhält, entdeckt man immer wieder etwas Neues. Manches davon ist genauso dankbar wie die Alteingesessenen, einiges verlangt nach spezieller Pflege, um zu gedeihen, und wieder anderes mag vielleicht überhaupt nicht wachsen. Doch genau das ist die Herausforderung für mich. Und genau das ist auch das Reizvolle daran: Neues auszuprobieren – etwas zu pflanzen und nicht zu wissen, was einmal daraus werden wird.

Aconitum x *arendsii*, der Herbsteisenhut.

Blauer Scheinmohn – (k)ein enttäuschender Senkrechtstarter

Nur zu gut erinnere ich mich an meine Erfahrungen mit dem legendären Blauen Scheinmohn *(Meconopsis betonicifolia)* aus Tibet. Er ist ein richtiger Senkrechtstarter auf der Beliebtheitsskala der Pflanzen und hat in den letzten Jahren unter Staudengärtnern für Furore gesorgt. Natürlich durfte auch in meinem Garten so etwas Außergewöhnliches nicht fehlen. Und so machte ich meine Erfahrungen. Es stellte sich heraus, dass diese Staude nicht nur vom Aussehen her etwas Besonders ist. Meine erste Scheinmohnpflanze wurde von Schnecken geradezu vom Erdboden getilgt. Die zweite weigerte sich von Anfang an zu wachsen, weil sie zu sonnig und trocken stand.

Doch zum Glück ließ ich nicht locker und informierte mich zunächst einmal gründlich, bevor ich den dritten Versuch wagte. So fand ich zu meiner Überraschung heraus, dass *Meconopsis betonicifolia* in kühlen Gegenden Schottlands und Irlands, aber auch in einem Alpenblumengarten nicht weit entfernt von mir auf 1800 Meter Höhe hervorragend gedeiht. Die Pflanze liebt das kühle und feuchte Klima dieser Lagen, weil es dem ihrer Heimat, dem Himalaja, ähnelt. Außerdem bekommt ihr saurer Boden wesentlich besser als der kalkhaltige in meinem Garten. Mit diesen Erkenntnissen ausgestattet, wählte ich einen neuen Standort in meinen Garten aus, der für den anspruchsvollen Tibetaner besser zu passen schien. Die dritte Pflanze wuchs im ersten Jahr tatsächlich gut an und entfaltete dann im Frühsommer des Folgejahrs ihre atemberaubenden himmelblauen Blüten, die von papierdünner Struktur sind. Meine Freude war groß, hatte ich es doch nicht mehr zu hoffen gewagt. Aber die Enttäuschung folgte auf dem Fuß. Nach der Blüte segnete die Pflanze ziemlich rasch das Weltliche. Den ersten sommerlichen Hitzewellen war sie eben nicht gewachsen.

Es deutet also vieles darauf hin, dass der Blaue Scheinmohn trotz seiner Popularität auch weiterhin ein seltener Anblick in mitteleuropäischen Gärten bleiben wird. Wirklich dauerhaft gedeiht er nur in kühlerer Umgebung. So kommt es, dass ich manchmal von einer Almhütte hoch oben in den Bergen träume, die umgeben ist von einem Meer aus blauen Mohnblüten.

Der Blaue Scheinmohn zeigt aber auch, dass es von Natur aus keine „zickigen" Pflanzen gibt. Es gibt nur Standorte und Klimate, die für sie nicht geeignet sind. Oft kann man sich bei der Gestaltung und Bepflanzung eines Gartens die Arbeit erleichtern und viel Geld sparen, wenn man sich vorher gründlich über die jeweilige Beschaffenheit des Bodens und über das örtliche Klima informiert. Aus diesem Grund teile ich meine Staudenbeete in verschiedene Zonen ein, wie Prärie und Sumpf, die den Pflanzen unterschiedliche und für sie optimale Bedingungen bieten.

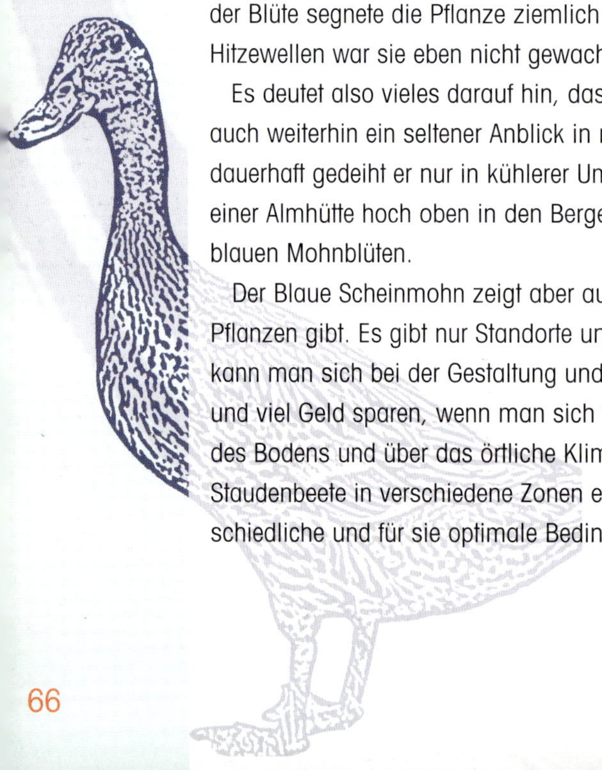

Die Prärietheorie – Stauden für trockene Standorte

Gärten mit durchlässigen trockenen Böden, die Wasser und Nährstoffe schlecht halten, werden oft als problematisch angesehen. Um hier die üblichen Stars wie Rittersporn, Phlox, Herbstanemone & Co. kultivieren zu können, müsste man den ganzen Boden gegen Tonnen von teurer Komposterde austauschen, so liegt der Verdruss nahe. Dabei ist es viel einfacher, solche Pflanzen zu wählen, die mit den herrschenden Bedingungen völlig zufrieden sind und sich unter diesen Umständen sogar ausgesprochen gut entwickeln. Mit ihrer Hilfe kann man sogar Gärten anlegen, die in ihrer Pracht und Vielfalt einem Garten mit „gutem" Boden in nichts nachstehen.

Beete mit solchen Trockenheit liebenden Stauden bezeichnet man immer öfter als Präriepflanzungen. Viele dieser Pflanzen sind in der Natur tatsächlich an prärie- oder steppenähnlichen Standorten zu finden. Ein gutes Beispiel dafür sind die Sonnenhüte der Gattung *Echinacea*. Ursprünglich stammen sie aus der Prärie Nordamerikas und gehören zu den anpassungsfähigsten Stauden überhaupt. Die bekannteste Art, *E. purpurea,* wächst auch in nährstoffreicher Erde sehr gut und ist aus unseren Gärten nicht mehr wegzudenken.

Der große Hype um *Echinacea* hat dazu geführt, dass in den letzten Jahren auch viele andere Arten der Gattung sowie zahlreiche Züchtungen eingeführt worden sind. Die meisten brauchen die Bedingungen eines Präriebeetes, um gut über den Winter zu kommen und eine gesunde Entwicklung zu zeigen. Besonders auffällig ist die große Farbenvielfalt der Neuzüchtungen. 'Sunset' blüht leuchtend lachsorange, 'Sunrise' in einem grünlichen Gelb, 'Arts Pride' in Rotorange und 'Razzmatazz' rosarot,

Echinops ritro, die Kugeldistel, zeigt ein nahezu metallisches Blau, das vor der Kulisse unseres Hausberges, dem Pölven, besonders edel wirkt.

Echinacea purpurea, der Rote Sonnenhut, lässt sich ganz vortrefflich mit der violettblauen Stauden-Agastache kombinieren, die ebenfalls eine Heilpflanze ist.

Die hübsche *Crocosmia* 'Star of the East' zeigt bis in den Herbst hinein ihre gelborangen Blütensterne und mag durchlässige Gartenböden.

Gaura lindheimeri, die Schmetterlingskerze, blüht hier in einer weißen und einer pinkfarbenen Sorte vor den rötlichen Blättern der Rotsegge *Carex buchananii*.

wobei diese Sorte besonders durch die ungewöhnliche, gefüllte Form der Blüten aus allen anderen herausragt.

Mein eindeutiger Liebling unter den Neuen ist 'Green Envy'. 'Green Envy' trägt Blüten in dem üblichen Sonnenhutpurpur, jedoch sind die Blütenblätter an den Enden grün, sodass es aussieht, als hätte man sie in Spinat gedippt. Zusammen mit dem orangefarbenen Zapfen im Blütenzentrum ergibt das eine ziemlich schräge Färbung, die jedes Staudenbeet etwas weniger brav erscheinen lässt.

Auch nicht zu vergessen sind die aparten Wildarten der Gattung *Echinacea*. Hier ist es *Echinacea pallida*, den ich am liebsten weiterempfehle. Er besitzt bizarr lange Zungenblüten, die wie Fäden vom zapfenförmigen Zentrum des Blütenstands herabhängen. Bei diesem Anblick drängt sich geradezu der Vergleich mit Spinnenbeinen auf. Durch seine filigrane Wirkung lässt sich *Echinacea pallida* auffallend einfach mit allen möglichen Pflanzen kombinieren. Fast immer entstehen mit ihm besonders ansprechende Gartenbilder.

Vielfalt ohne Ende

Ich habe schon traumhafte Präriebeete gesehen, die allein aus verschiedenen Sonnenhüten und Gräsern bestanden. So etwas hat natürlich Stil und ist auch recht einfach zu pflegen, aber mir wäre es zu langweilig. Es gibt doch noch so viele andere tolle Präriestauden: Fackellilien, Fette Hennen, Montbretien, Edeldisteln, Bartiris, Schmetterlings-, Königs- und Nachtkerzen, Steppensalbei, Schönastern, Wolfsmilch und Agastachen sind nur einige der dankbarsten davon.

Erstaunt war ich beispielsweise über die Robustheit der Montbretien *(Crocosmia)*. Ursprünglich stammen diese Sprossknollengewächse nämlich aus Afrika, wo sie es wesentlich wärmer haben. Dennoch sind sie gut winterhart und treiben verlässlich jedes Jahr wieder aus. Die feuerrote Sorte 'Lucifer' würde ich sogar als sehr wüchsig bezeichnen, denn ihre Horste haben in meinem Garten mittlerweile den doppelten Umfang erreicht. In milden Gegenden Englands verwildert sie angeblich und kann dann lästig werden. In Tirol ist sie bisher nur ein Exot mit formvollendeten Blüten.

Die Agastachen schätze ich besonders ihrer Blätter wegen. Diese verströmen einen würzigen Duft, der je nach Sorte an Orangen, Thymian, Salbei oder auch Anis erinnert. Einige von ihnen finden darum zu Recht als Würzkräuter in der Küche Verwendung.

Auch verschiedene Salbei-Arten lieben es trocken. Allen voran *Salvia officinalis*, der Gartensalbei. Von ihm gibt es viele Sorten, die auch bunte oder panaschierte Blätter aufweisen und damit die ganze Pflanzsaison über zieren. Streng genommen ist *Salvia officinalis* ein Halbstrauch, aber in Mitteleuropa wächst er eher als Staude und kann auch als solche behandelt werden.

Der heimische Wiesensalbei *(Salvia pratensis)* ist ebenfalls eine fantastische Präriestaude, im Geschmack ist er etwas milder als der Gartensalbei. Wer mag, kann ein ganzes Präriebeet nur mit heimischen Pflanzen anlegen. Alpendistel, Kartäusernelke, Margerite, Witwenblume und Natternkopf wären dafür etwa gut geeignet. Sie sind hervorragende Futterpflanzen für die Insektenwelt der Umgebung und tragen somit dazu bei, im Garten auch ein bisschen Naturschutz zu praktizieren. Ich persönlich pflanze in meinem Präriebeet Heimisches und Fremdländisches bunt gemischt. Die „Präriezone" bildet bei mir den Übergang zwischen dem normalen Staudenbeet und dem Natursteingarten. Ich musste diesen Bereich künstlich anlegen, indem ich große Mengen Sand unter die vorhandene Erde mischte, da diese sonst zu nährstoffreich gewesen wäre.

Alte Bekannte

Es ist erstaunlich, wie viele altbekannte Gartenpflanzen nahe Verwandte haben, die sich im durchlässigen Substrat eines Präriebeetes wohlfühlen. Das trifft beispielsweise auf einige Wildarten der Pfingstrose zu, wie die gelbe *Paeonia mlokosewitschii* oder die dunkelrote *Paeonia peregrina*. Auch bei den Akeleien findet man solche Arten. Etwa *Aquilegia formosa* aus dem westlichen Nordamerika und die besonders hitzeverträgliche *Aquilegia desertorum* aus Arizona. Beide tragen bis in den Spätsommer hinein unzählige kleine laternenförmige Blüten in Rot und Orange, zwei hierzulande untypische Akeleifarben, die sofort alle Blicke auf sich ziehen.

Ein Präriebeet kann also sehr vielseitig sein. Wie man es anlegt und gestaltet, obliegt auch hier wieder allein dem persönlichen Geschmack des Gartenbesitzers.

Die anmutige Schachbrettblume *Fritillaria meleagris* gibt es in vielen verschiedenen Schattierungen. Hier eine weiße Form mit sanfter Rötung an den Außenseiten der Blütenblätter

Mit Sumpf zum Triumph – Stauden für feuchte Standorte

Manche Gärten haben von Natur aus einen sehr feuchten Boden. Besonders an halbschattigen Stellen läuft dann das Wasser nur schlecht ab und es kommt immer wieder zu Staunässesituationen – meist zum Ärger des Besitzers und sehr zum Leidwesen der Pflanzen. Sommerblumen und Kräuter kümmern, weil ihre Wurzeln still vor sich hin faulen. Rosen gedeihen nur geschützt an der Hauswand, überall im Rasen wuchert das Moos und Schnecken vermehren sich explosionsartig im feuchten Milieu.

Um die Nerven und den Geldbeutel zu schonen, ist es auch in solchen scheinbar aussichtslosen Fällen wieder einfacher, auf den Garten einzugehen, statt zu versuchen, gegen die Natur anzukämpfen. Aufwendige Drainagen und einen Austausch des Bodens kann man sich sparen. Die Lösung ist ganz simpel: ein Sumpfgarten. Sumpfpflanzen sind nämlich wunderschön und haben zumeist noch viel unentstellte Natürlichkeit an sich.

Sumpfinseln im Blumenbeet

Bekanntlich möchte man ja immer das, was man nicht selbst hat. Wer also die Idylle einer Sumpfpflanzung genießen möchte, jedoch nur einen durchschnittlich feuchten Gartenboden sein Eigen nennt, der kann mithilfe einer Teichfolie auch ein künstliches Feuchtbiotop anlegen. Selbst mitten in einem normalen Blumenbeet lassen sich kleine Minisümpfe einbauen. Dazu buddelt man zunächst eine alte Wanne oder ein anderes Gefäß im Boden ein. Das Substrat sollte sauer sein, am besten geeignet ist spezielle Teicherde. Selbstverständlich habe auch ich mittlerweile mehrere solcher „Sumpfinseln" in meinen Beeten „eingestreut". Dem Betrachter fällt das anfangs meist nicht auf, denn die Sumpfpflanzen sind genauso hübsch und gartenwürdig wie all die anderen Gewächse, von denen sie umgeben sind. Viele tragen sogar herausragend gelungene Blütenkunstwerke – man denke nur an die große Vielfalt der Schwertlilien *(Iris)*. In asiatischen Gärten werden häufig große Sumpfflächen angelegt, nur um die zahlreichen farbenprächtigen

Sorten von *Iris laevigata* und *Iris ensata* kultivieren zu können. In allen Blau-, Violett-, Rosa- und Weißtönen entfalten diese Schwertlilien dort ihre Blüten. Die große Sortenvielfalt rührt von ihrer langen Geschichte als Gartenpflanzen.

Heimische Wassertreter

Die Gelbe Sumpfschwertlilie *(Iris pseudacorus)* und die Sibirische Schwertlilie *(Iris sibirica)*, beides heimische Pflanzen, stehen der viel gerühmten asiatischen Verwandtschaft jedoch in nichts nach. Auch sie sind exzellente Schmuckstücke und haben ebenfalls eine lange Sortenliste aufzuweisen. Überhaupt findet man in der heimischen Flora sehr viele gartentaugliche Sumpfpflanzen: Blumenbinsen, Sumpfdotterblumen, Trollblumen, Wasserminzen, Mädesüß, Bachnelkenwurze, Schachbrettblumen, Sumpfvergissmeinnicht und Sumpfcalla, um nur einige zu nennen. Von der im Frühjahr blühenden Sumpfdotterblume gibt es sogar eine attraktive gefüllte Sorte: 'Flore Pleno'. Diese sät sich nicht so stark aus wie die Art und blüht zudem etwas länger. Die gefüllten gelben Blüten ähneln denen des gefüllten Scharfen Hahnenfußes *(Ranunculus acris* 'Flore Pleno'*)*, mit dem die Sumpfdotterblume auch verwandt ist. Die Blüten des Hahnenfußes sind jedoch kleiner und erscheinen im Frühsommer in großer Zahl. Beide Arten fühlen sich besonders auf solchen Böden heimisch, die nur zeitweise staunass sind und die in den Sommermonaten auch mal austrocknen können. Andere Pflanzen, die unter solchen Umständen gut gedeihen, sind Etagenprimeln, Goldkolben, Funkien, Gauklerblumen und die charismatischen Schachbrettblumen. Die Schachbrettblume *(Fritillaria meleagris)* gehört übrigens zu den wenigen Zwiebelpflanzen, die Nässe gut vertragen können. An Standorten, die ihr zusagen, versamt sie sich mit den Jahren.

Nicht zu vergessen sind die für alle Arten von Sumpfbeeten einsetzbaren Gräser. Das bezaubernde Wollgras mit seinen flaumig behaarten weißen Ährchen etwa. In saurer Erde breitet es sich rasch aus, hat aber nicht die Kraft, andere Pflanzen zu verdrängen.

Caltha palustris, die Sumpfdotterblume, besitzt eine enorme Leuchtkraft und ist eine der besten Frühlingsblumen für feuchte Böden.

Ein bisschen Pflege muss sein

Einmal eingewachsen, brauchen die meisten Sumpfpflanzen nur wenig Pflege. Düngen und Gießen kann man sich sparen. Lediglich abgestorbenes Pflanzenmaterial sollte der Ästhetik wegen ausgeschnitten werden und allzu wuchernden Unkräutern muss man Einhalt gebieten. Am besten pflanzt man diese gar nicht erst. Das heimische Schilfgras und der Rohrkolben können etwa so stark wuchern, dass man sie im Nachhinein nur noch mit dem Bagger entfernen kann. Ihre Wurzeln sind so stark, dass sie selbst Teichfolien durchbohren und damit großen Schaden anrichten.

Trollius europaeus, die Trollblume, wird im Tiroler Volksmund auch Butterkugel genannt. Ihre charakteristischen Blüten verströmen einen herrlich fruchtigen Duft.

Einen Sumpf gestalten

Ein Sumpfgarten bietet viele unterschiedliche Gestaltungsmöglichkeiten. Auch mit Sumpfpflanzen lassen sich strenge, geordnete Pflanzungen anlegen. In den meisten Fällen ist es aber einfacher, wenn man es mit der Natur als Vorbild versucht. Zerstreute Gruppierungen der verschiedenen Stauden mit der Erlaubnis, etwas zu verwildern, sind eine gute Voraussetzung, damit sich ein schöner Sumpfgarten entwickeln kann. In Tirol bieten vielerorts Feuchtwiesen im Sommer einen atemberaubenden Anblick. Kräftig pinkfarbener Blutweiderich und sonnengelber Gilbweiderich dominieren über weite Flächen hinweg das Bild. Ein starkes Duo mit starker Farbwirkung, das sich auch im Garten gut macht und bezeugt, welch ein guter Gartengestalter die Natur doch ist.

Zwei Monate vorher findet man auf den gleichen Wiesen massenhaft Trollblumen *(Trollius europaeus)*. Der Tiroler Name „Butterkugel“ passt meiner Meinung nach besser zu diesem Hahnenfußgewächs, denn er beschreibt die Erscheinung der Pflanze ganz treffend: Blassgelbe, kugelförmige Blüten, die sanft über der Wiese wiegen und eine anziehende Fernwirkung haben. Im Garten wäre beispielsweise die dankbare Bachnelkenwurz eine passende Begleitpflanze für eine solche Trollblumengesellschaft.

Je nach Platz lassen sich im Sumpfgarten auch Teiche und Wasserstellen recht einfach verwirklichen. Schwimmblattpflanzen wie Seerosen, Seekannen und Flutender Hahnenfuß finden darin einen geeigneten Lebensraum.

Findlinge, große Wurzeln und Baumstämme bilden Blickfänge im Sumpfgarten oder dienen als Sitzgelegenheit. Sie fügen sich harmonisch in das Bild solcher Gartenbereiche ein. Mithilfe von Trittsteinen kann man unaufdringliche Wege anlegen, die die Pflegemaßnahmen erleichtern. Mit etwas mehr Aufwand verbunden sind dagegen Brücken und Stege. Sie üben aber bekanntlich eine große Anziehungskraft auf den Menschen aus und werden schnell zu Lieblingsplätzen.

Schon kleine und kleinste Wasserstellen locken eine Vielzahl von Tieren in den Garten. Je nach Wasserstand fühlen sich Frösche, Molche, Ringelnattern, Wasserläufer und Libellen sowie zahlreiche andere Insekten wohl und werden vielleicht zu dauerhaften Gästen. Auch Igel, kleinere Raubtiere und Vögel werden von ihnen magisch angezogen, denn ihnen bietet sich hier eine Gelegenheit zum Trinken.

Bleibt nur zu hoffen, dass man sich von nächtlichen Froschkonzerten nicht um den Schlaf bringen lässt.

Zum Schattendasein verurteilt

Wo viel Licht, da ist auch Schatten. Das muss aber nicht von Nachteil sein. Beinahe in jedem Garten finden sich schattige Plätze, schon allein verursacht durch größere Pflanzen, die so manchem Fleck das direkte Sonnenlicht nehmen. Leider werden Schattenplätze oft als Problemzonen betrachtet, an denen eh nichts wachsen mag. Wenn man hier die üblichen Blumen wie Edelrosen, Dahlien und Sonnenblumen zum Einsatz bringen möchte, dann trifft dies auch durchaus zu. Sie werden zwar meist nicht sofort das Zeitliche segnen, aber mit ihrem monatelangen Dahinkümmern schaffen sie es, recht schnell großen Frust beim Gärtner zu erzeugen.

'Miss Indigo' nennt sich diese traumhaft schöne Sorte der Kissenprimel *(Primula vulgaris)*, deren dicht gefüllte Blüten eine helle Ränderung aufweisen.

Schatten ist nicht gleich Schatten

Eine Faustregel oder eine klare Regel, welche Pflanzen in den Schatten gehören und welche in die Sonne, gibt es leider nicht. Dazu muss man nämlich auch die verschiedenen Arten von Schatten unterscheiden. Allein das Wort Halbschatten kann schon alles Mögliche bedeuten – vom gestreuten Sonnenlicht unter lockerkronigen Laubbäumen bis hin zu einem Standort hinter einem Haus, an den die Sonne nur ein paar Stunden am Tag gelangt. Ersteres ist für viele Pflanzen gut verträglich, denn es herrscht den ganzen Tag weder tiefer Schatten noch pralle Sonne vor. Letzteres kann schon eher Probleme bereiten, denn auch hier muss man wieder differenzieren. Für einige Pflanzen macht es einen großen Unterschied, ob sie nur am Vormittag oder nur am Nachmittag beziehungsweise am Abend Sonne bekommen. Manche Wildrosen und auch Kletterrosen wären zum Beispiel durchaus halbschattentauglich. Allerdings ist es für sie wichtig, dass ihnen die Sonne gleich am Morgen den nassen Tau von den Blättern trocknet. Stehen sie nämlich den ganzen Vormittag mit feuchter Belaubung da, finden Pilzkrankheiten spielend ein geeignetes Milieu und mit der Gesundheit der Rosen geht es schnell den Bach hinunter. Können solche Rosen aber gleich am Morgen gut abtrocknen und etwas Sonne tanken, macht es ihnen gar nichts aus, wenn sie nachmittags im Gebäudeschatten stehen.

Der große Rosenfan in unserer Familie ist meine Mutter. Sie hat an einem solchen halbschattigen Standort die Kletterrose 'Santana' ausgepflanzt. Diese gehört zu den schattenverträglichsten Rosen – und tatsächlich hat sie sich auch bei uns erstaunlich gut entwickelt und entfaltet ihre zahlreichen samtroten Blüten.

Auch unter den kletternden Clematissorten gibt es viele, die gut im Halbschatten zurechtkommen. Ich habe in meinem Schattenbeet vor einigen Jahren einen etwa drei Meter langen Holzpflock frei stehend in den Erdboden eingeschlagen und mit einer rosa blühenden Sorte der Bergwaldrebe *(Clematis montana* var. *rubens)* bepflanzt. Drei Meter sind für eine Bergwaldrebe gar nichts – wenn man sie lässt, kann sie acht Meter hoch ranken! Heute ist dieser Pflock deshalb komplett zugewuchert. Zur Blütezeit im Frühling ist meine Bergwaldrebe darum ein regelrechtes Highlight, an dem niemand vorbeikommt. Einer rosafarbenen Blütenwolke in Säulenform gleich, könnte man sie ohne Weiteres mit der Pracht einer japanischen Zierkirsche vergleichen.

Bemerkenswertes für die Schattenseite

Dies war aber nur ein Beispiel dafür, wie reich es auch im Schatten grünen und blühen kann. Besonders unter den Stauden gibt es einige bemerkenswerte Schattenpflanzen. Im Frühling blühen bei mir neben Buschwindröschen und Veilchen als besondere Schmuckstücke verschiedene Arten und Sorten der Schneerose *(Helleborus)* und des Leberblümchens *(Hepatica)*. Beides sind Hahnenfußgewächse, die aus Laubmischwäldern stammen. Sie haben die Eigenheit, dass ihre Blätter wintergrün sind und erst im Frühling mit dem Neuaustrieb absterben. Weiterhin ist ihnen gemein, dass sie über Jahrzehnte hinweg am selben Standort stehen können und dabei immer üppiger wachsen und blühen, wenn man sie nur in Ruhe lässt. Damit aber noch nicht genug, verleiten beide Gattungen durch ihre hohe Sortenvielfalt zum Sammeln. Besonders die wertvollen gefüllten Sorten werden in jüngster Zeit immer populärer. Beim Leberblümchen gibt es davon unzählige, einige von ihnen gelten schon seit Jahrhunderten als Geheimtipp unter Pflanzensammlern. 'Rubra Plena' etwa, mit ihren dicht gefüllten, rotvioletten Blüten.

Kaum zu glauben, dass die üppige *Clematis montana rubens* derselben Familie angehört wie die blaue *Aquilegia vulgaris* im Vordergrund des Fotos: den Hahnenfußgewächsen.

Bei den Schneerosen sind gefüllte Züchtungen noch nicht so lange bekannt, dafür aber einfacher erhältlich. Mein ganzer Stolz ist eine halbgefüllte weiße *Helleborus orientalis*-Hybride mit purpurfarbener Sprenkelung an der Innenseite der Blütenblätter. Wenn das zerstreute Licht der Morgensonne im April zwischen ihrer üppigen Blütenpracht hindurchscheint, bemerkt man einmal mehr den zauberhaften Reiz, der von schattigen Plätzen ausgehen kann.

Ähnlich ist die Stimmung im Herbst. Die Tage sind wieder kürzer, aber die Luft ist rein und klar. Sanft tanzen die letzten warmen Sonnenstrahlen über den erst jetzt blühenden Krötenlilien *(Tricyrtis)*. Der schmierige Name täuscht ein bisschen über die kunstvolle Schönheit dieser Stauden hinweg. Die kleinen lilienähnlichen Blüten tragen mosaikartige Muster, Formen und Punkte in Weiß, Gelb, Purpur und Violett zur Schau.

Begleitet werden die Krötenlilien vom Herbstalpenveilchen *(Cyclamen hederifolium)*. Diese winterharte Cyclamenart blüht von September bis November. Die Blätter treiben erst nach der Blüte aus und zieren den ganzen Winter über mit ihrer silbrigen Zeichnung. In milderen Gegenden versamt sich *C. hederifolium* sogar und kann nach vielen Jahren größere Gruppen bilden.

Die phantastisch gezeichneten Blüten der Krötenlilie bringen eine gewisse Exotik in den herbstlichen Schattengarten.

Farbe im Schatten

Am buntesten ist das Schattenbeet im Frühsommer. Die zum Schattendasein verurteilten Pflanzen dieser Jahreszeit wirken ausgesprochen fröhlich und leichtlebig. Da wetteifern die über dem Boden schwebenden goldgelben Blüten des Scheinmohns *(Meconopsis cambrica)*, die auch im Schatten sonnengleich leuchten, mit den blassvioletten Blüten der Wiesenraute *(Thalictrum)*. Da sind alte Akeleisorten in allen Tönen von Rosa bis Violett vergesellschaftet mit den elfenbeinfarbenen Blütenkerzen des Wolfseisenhutes *(Aconitum vulparia)*. Und dann die herzförmigen Blätter verschiedener Funkiensorten *(Hosta)* neben den anmutigen weißen Blütentrauben von *Dicentra formosana* subsp. *oregana*. *Dicentra formosana* ist eine amerikanische Art des Tränenden Herzens mit langer Blütezeit und farnartigem Blattwerk. Was die Funkien betrifft, so ist bei ihnen auch die Schönheit der Blüten nicht außer Acht zu lassen. Sie ähneln sehr denen der Trompetenlilien, sind aber kleiner und erscheinen zahlreicher.

Cyclamen hederifolium ist das im Herbst blühende Pendant zum Vorfrühlingsalpenveilchen *(Cyclamen coum)*. Es gedeiht bei mir am besten im Halbschatten unter Gehölzen.

Überlebenskünstler und Genießer

Einige Schattenstauden sind ein gutes Beispiel dafür, wie anpassungsfähig Pflanzen eigentlich sind. Sie wachsen nämlich auch in voller Sonne hervorragend. Man muss dann allerdings darauf Acht geben, dass der Boden nie ganz austrocknet, sonst welken sie während längerer Hitzeperioden schnell. Solch eine bedingt sonnenverträgliche Schattenstaude ist beispielsweise der hübsche Goldkolben *(Ligularia prezwalzki)* mit seinen langen feingliedrigen Blütenkerzen. Bei uns wächst er mittlerweile in fast allen Beeten rund ums Haus und gehört mit einer Höhe von fast zwei Metern eindeutig zu den Leitstauden des Gartens.

Schattengärten haben eine eigene, stimmungsvolle Magie, die mal charmant verspielt, mal zauberhaft verwunschen wirken kann. Ein Sitzplatz zwischen Schattenbeeten ist im Sommer eine Oase der Erholung und Ruhe. Auch Gina, meine rote Samtpfote, weiß das und hält an heißen Sommertagen gern ein Nickerchen unter den großen Blättern einer Funkie. Dass schattige Stellen keine Problemzonen, sondern eine Wohltat sind, brauche ich ihr nicht lange zu erklären.

Panaschiert – das Beet der anderen

Eines meiner eigentümlichsten Beete ist sicher dasjenige, in dem nur panaschierte Pflanzen wachsen. Panaschiert ist ein Fachausdruck für weiß oder farbig gemusterte Blätter. Auch der häufig benutze Sortenname 'Variegata' weist darauf hin. Im Speziellen sind damit weiß oder gelblich gerandete Blätter gemeint. Ich lasse aber auch anders gezeichnete und gesprenkelte gelten. Zustande kommen solche buntlaubigen Pflanzen durch einen Mangel an Blattgrün (Chlorophyll) in den Blättern. Die hellen Zeichnungen auf den Blättern sind Stellen, an denen fast kein Blattgrün mehr vorhanden ist. In der Natur kommt so etwas manchmal durch eine spontane Mutation zustande. Meist haben solche Pflanzen aber keine guten Überlebenschancen, weil sie schwächer wachsen als ihre grün belaubten Artgenossen. Durch den Mangel an Chlorophyll ist die Fotosynthese-Leistung der Blätter nämlich geringer. Unter Gärtnern erfreuen sich buntlaubige Pflanzen dagegen großer Beliebtheit, weil sie auch ohne Blüten das Beet zieren. Genau aus diesem Grund finde auch ich sie so attraktiv. Ich habe mir in den letzten Jahren laufend neue Pflanzen zugelegt, bis ich mich schließlich an ihnen störte. Sie waren überall in den Beeten, wirkten irgendwie unnatürlich und sehr unruhig. Darum beschloss ich, ihnen ein eigenes Beet anzulegen. Der Plan war schnell in die Tat umgesetzt, nur eines hatte ich nicht bedacht: Wenn man erst einmal ein eigenes Beet für eine bestimmte Pflanzengruppe angelegt hat, ist die Sammelleidenschaft kaum noch zu bremsen.

Einmal damit angefangen ...

Man mag gar nicht glauben, von wie vielen Pflanzen es buntlaubige Sorten gibt. Selbst panaschiertes Unkraut habe ich mittlerweile gefunden, schließlich soll es ja authentisch sein. Das weiß gestreifte Knaulgras *(Dactylis glomerata* 'Variegata'*)* und der goldgesprenkelte Beifuß *(Artemisia vulgaris* 'Oriental Limelight'*)* haben diese Aufgabe übernommen. Ersteres breitet sich rasend schnell durch Ausläufer aus, Letzterer sorgt durch Aussaat für Invasionen im Garten. Die anderen Pflanzen im Beet verhalten sich aber durchweg zivilisiert. Sonnengleich lässt eine panaschierte Nachtkerze *(Oenothera fruticosa)* ihre gelben Blüten erstrahlen und lockt mit ihrem Duft zahlreiche Insekten an, die sie bestäuben. Die Blütenkerzen der weiß gerandeten Gelenkblume *(Physostegia virginiana* 'Variegata'*)* erblühen neben dem buntlaubigen Staudenphlox 'Nora Leight' *(Phlox paniculata)*, der übrigens sehr robust gegenüber Mehltau ist. Die golden gesprenkelten Blätter der Akelei 'Woodside Variegata' *(Aquilegia vulgaris)* entfalten sich neben den Horsten der panaschierten Jakobsleiter *(Polemonium caeruleum* 'Stairway to Heaven'*)*. Beide blühen von Mai bis Juni und säen sich mit etwas Glück sortenecht aus. Die Gattung *Iris* stellt mit

Iris pallida 'Variegata' und *Iris pseudacorus* 'Variegata' zwei besonders hübsche Vertreter mit panaschierten Blättern, die eine cremeweiße Längsstreifung aufweisen. Während die zuerst genannte Sorte durchlässigen Boden liebt, ist letztere jedoch an feuchte Standorte angepasst. Dennoch wachsen beide auch unter den normalen Bedingungen meines Panaschierbeetes sehr gut und blühen regelmäßig.

Im Frühling ist das weiß gerandete Lungenkraut 'David Ward' *(Pulmonaria rubra)* der eindeutige Star des buntlaubigen Beetes. Über Wochen hinweg entfaltet er seine korallroten Blüten über den breiten Blatthorsten. Die ebenfalls roten Blüten der gelblich panaschierten Tulpe 'Unicum' geben den perfekten Hintergrund dafür ab. 'Unicum' ist übrigens eine Sorte der langlebigen Wildtulpe *Tulipa praestans,* die mehrere Blüten an einem Stängel trägt.

Und noch mehr Pflanzen

Auch unter den Gehölzen hat sich so manches mit bunter Belaubung in meinem Beet eingefunden. Der gelb gerandete Sommerflieder 'Harlequin' *(Buddleja davidii)* sticht nicht zuletzt auch wegen seiner Blüten ins Auge. Sie sind von einem satten Rotviolett und kommen zwischen der bunten Belaubung besonders schön zur Geltung. Ähnlich verhält es sich mit den gelben Schalenblüten von *Kerria japonica* 'Picta', die vor graugrünem Laub mit weißem Rand leuchten. Im Gegensatz zur grünlaubigen Form, die allgemein als Ranunkelstrauch bekannt ist, wuchert die Sorte 'Picta' glücklicherweise nicht. Sehr beliebt sind die buntlaubigen Sorten von Efeu, Kletterspindel und Buchs. Von allen dreien gibt es gleich mehrere mit unterschiedlichen Zeichnungen. Da sie obendrein auch noch immergrün sind, belegen sie selbstverständlich einige Plätze in meinem Panaschierbeet.

Vom Buchs habe ich zahlreiche Stecklinge bewurzelt, die ich als Einfassung um einen Teil des Beetes pflanzen möchte. Den anderen Teil kann ich deshalb nicht einfassen, weil

Lysimachia punctata 'Alexander' ist die elegante buntlaubige Form des als Bauerngartenstaude wohl bekannten Goldfelberichs.

Über Wochen hinweg entfaltet das zauberhafte *Pulmonaria rubra* 'David Ward' im Frühling seine korallenroten Blüten im Beet für buntlaubige Pflanzen.

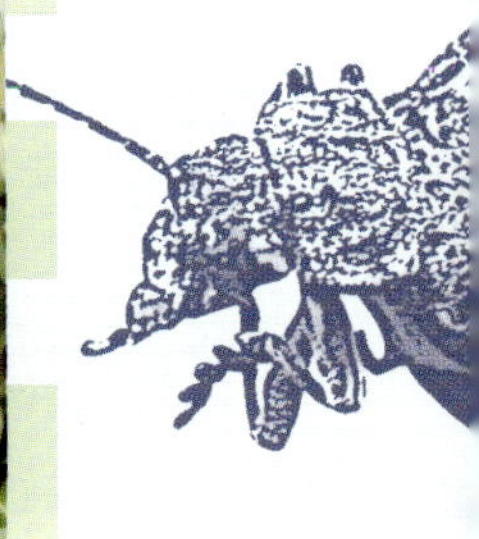

ich das Beet ständig vergrößern muss. Immer wieder kommen neue Pflanzen dazu. Jüngst zum Beispiel die panaschierten Sorten von Maiglöckchen, Goldfelberich, Wiesenknopf, Sonnenauge, Lavendel, Sterndolde und Beinwell. Auch diese Sammelleidenschaft scheint wohl so bald kein Ende zu nehmen. Panaschierte Pflanzen sind allerdings Geschmacksache. Wer sie mag, kann sich die ganze Gartensaison über an ihren schönen Strukturen und Blattzeichnungen erfreuen. Es muss ja nicht gleich ein ganzes Beet sein.

Garten süßsauer – das Moorbeet

Bei einem Moorbeet handelt es sich meist nicht um die Nachahmung eines Moors im herkömmlichen Sinn. Damit ist eher ein Beet gemeint, das speziell für Pflanzen angelegt wurde, die gern in saurem Substrat wachsen – also in einem Boden mit niedrigem pH-Wert. Das andere Extrem sind Pflanzen, die nur mit der „Süße" basischer Böden gut gedeihen, also solchen, die einen hohen pH-Wert aufweisen. Der Großteil der Gartenpflanzen ist zum Glück relativ tolerant. Besonders auf neutralen Böden kommen die meisten gut zurecht. Für jene, die es nicht so gern süßsauer mögen, muss man in den meisten Fällen erst geeignete Bedingungen schaffen.

Typische Moorbeetpflanzen sind Heidekraut, Hortensien, Rhododendren, Koniferen, Heidel- und Preiselbeeren, aber auch die Rosmarinheide, Lorbeerrosen und einige Stauden wie Funkien, Krötenlilien und Farne. Sogar einige Zwiebelpflanzen, wie etwa die Waldhyazinthe, mögen Moorbeetbedingungen.

Der größten Beliebtheit erfreuen sich aber ohne Zweifel die Rhododendren. In Gegenden, die von Natur aus einen sauren Boden haben, wachsen sie zu meterhohen Großsträuchern heran. Man kann dort ohne viel Aufwand einen ganzen Rhododendrengarten anlegen. Zur Blütezeit im Spätfrühling wird er sich in ein Meer aus Blüten in allen Farben verwandeln, das sich kaum noch überbieten lässt. Im Winter behält er seine Form durch die immergrünen Blätter vieler Sorten. Solche Rhododendrengärten sind ein gutes Beispiel dafür, wie einfach Gärtnern sein kann, wenn man die von der Natur vorgegebenen Bedingungen nützt, statt sie zu unterdrücken.

Sauer macht lustig

In meinem Garten ist der Boden nicht sauer, sondern eher „süß", also korrekt gesagt basisch. Unser Moorbeet gehörte darum zu den ersten Beeten, die meine Mutter und ich damals nach dem Hausbau in Angriff nahmen. Sie wollte nämlich unbedingt blaue Hortensien anpflanzen, und ich mochte auf die Irische Glockenheide nicht verzichten. Um den Boden in einem Moorbeet ausreichend sauer zu machen, wird meist ein großer Anteil an Torf in die vorhandene Erde gemischt. Leider werden bei der Torfgewinnung aber Feuchtgebiete zerstört, die Lebensraum für viele seltene Pflanzen- und Tierarten sind. Ich habe mir deshalb Gedanken über eine mögliche Alternative gemacht. Herausgekommen ist dabei, dass wir zunächst einmal mit der Schubkarre in unseren Wald gefahren sind. Die oberste Erdschicht unter alten Fichten ist recht sauer, weil sie zum Großteil aus halb verrotteter Nadelstreu besteht. Ideal also für unser Moorbeet! Wie viele Schubkarren von dieser Erde wir damals in unser zukünftiges Moorbeet eingearbeitet haben, weiß ich heute nicht mehr genau. Die Rechnung dürfte aber aufgegangen sein, denn die Pflanzen haben sich prächtig entwickelt. Noch immer gehört das Moorbeet zu den wenigen Beeten im Garten, die ich mit meiner Mutter gemeinsam pflege. Wir haben dort inzwischen auch verschiedene Zwergrhododendron- und Heidekrautsorten, Rosmarinheide, Säulenwacholder und Lorbeerrosen sowie Heidel- und Preiselbeeren angesiedelt. Die bodendeckenden Preiselbeeren tragen bis weit in den Winter hinein ihre attraktiven und sehr gesunden roten Beeren. Vor der Reifezeit blühen sie im Sommer über Wochen hinweg mit kleinen weißen Blütenglöckchen. Preiselbeeren sind nahe mit der Irischen Glockenheide *(Daboecia cantabrica)* verwandt, die meine Lieblingspflanze im Moorbeet

Ein bisschen aufgeblasen wirken die zahlreichen Blütenglocken der irischen Glockenheide *Daboecia cantabrica,* die zu den schönsten Zwergsträuchern für saure Böden gehört.

Eine winzige Fruchtfliege hat sich auf den rötlichen Blütenknospen des *Rhododendron vernicosum* niedergelassen.

ist. Sie trägt ähnliche Blüten, diese sind allerdings um einiges größer und wirken ein bisschen aufgeblasen, wie Ballons. Je nach Sorte sind sie Weiß, Rosa, Rot oder Pinkfarben und erscheinen von Juli bis November. Besonders in Kombination mit dem Gewöhnlichen Heidekraut *(Calluna vulgaris)* wirkt die Glockenheide ausgesprochen charmant. Im ersten Jahr nach der Pflanzung sollte man ihr aber etwas Winterschutz geben. Einmal akklimatisiert, ist sie in der Regel gut winterhart.

Immergrüner Blickfang

Ein weiteres Schmuckstück aus der gleichen Verwandtschaft ist die Lavendelheide *(Pieris japonica)*. In auffälligen Doldenrispen erscheinen im April ihre zahlreichen weißen Blütenglöckchen. Das Schönste an der Lavendelheide ist aber der rötliche Austrieb ihrer neuen Triebe, der unter den immergrünen Sträuchern seinesgleichen sucht. Anfangs wächst *Pieris* nur langsam, aber nach einigen Jahren kann sie durchaus Höhen von bis zu zwei Metern erreichen. Die buntlaubige Sorte 'Variegata' bleibt etwas kleiner. Sie bildet bei mir den perfekten Übergang zwischen dem Moorbeet und dem direkt angrenzenden Beet für buntlaubige Pflanzen. Dass ihr Standort dort eher süßsauer anstatt nur sauer ist, scheint ihr dabei nichts auszumachen.

Blumenkübel next Topfmodel

Es ist bereits später September. Für mich hatte diese Jahreszeit schon immer etwas Seltsames. Unweigerlich kommt ein beklemmendes Gefühl auf, dass der Sommer schon wieder vorbei ist und es bis zum nächsten Frühling noch ewig dauert. Dabei blühen gerade jetzt noch viele Blumen. Am eindrücklichsten finde ich den stattlichen Herbsteisenhut *(Aconitum x arendsii)*. In tiefstem Blau leuchten seine Blüten noch weit über die Gartengrenzen hinweg. Ihre einzige Konkurrenz ist der klare blaue Himmel – auch etwas Typisches für diese Jahreszeit. Genauso wie das Vieh, das friedlich auf der Wiese neben dem Garten weidet. Nach dem kurzen Almsommer sind aus den Kälbern junge Kühe geworden. Die Glocken der Rinder sind das einzige Geräusch weit und breit. Zu Mittag werden sie kurz von der Kirchenglocke begleitet, die hell vom Dorf heraufklingt.

Abutilon megapotamicum, die Glockenschönmalve, hüllt sich in leuchtende Farben und besticht zudem durch ihre hübsch gezeichneten Blätter.

Ich bin nun den ganzen Tag im Garten und schneide verblühte und absterbende Pflanzen aus. Irgendwann ist die Schubkarre voll und ich fahre damit über die Wiese zum Kompostplatz. Die neugierigen Kühe folgen mir im Gänsemarsch. Für eine Reiterin, die ich in der Ferne entdecke, müssen wir wohl wie eine sehr seltsame Karawane aussehen. Etwas später, als die Reiterin unserem Hof näher ist, erkenne ich sie als vertraute Freundin aus Kindertagen wieder. Sie hält ihre hübsche Haflingerstute an und wir plaudern ein bisschen über den Gartenzaun hinweg über alte und neuere Zeiten. Die ausdrucksstarken Augen des Haflingers wandern derweil von den üppig blühenden Schmuckkörbchen hinüber zum Eisenhut. Ob das Pferd wohl weiß, dass es sich um eine Giftpflanze handelt? Dann sind die beiden auch schon wieder verschwunden. Ich drehe jetzt noch mit dem Fotoapparat eine Runde durch den Garten. Vielleicht lässt sich die herbstliche Pracht ja so für den Winter konservieren. Erneut staune ich darüber, wie vieles eigentlich noch in Blüte steht.

Bühne frei!

Besonders die vielen Kübelpflanzen laufen jetzt noch einmal zur Hochform auf. Herausgeputzt stehen sie in ihren Töpfen um das ganze Haus herum verteilt und lassen in mir leise Zweifel aufsteigen. Ich frage mich plötzlich, wie oberflächlich das Gärtnern eigentlich ist. Ist alles nur eine Show? Eine einzige große Modenschau, bei der es lediglich darum geht, wer sein Gewand am besten präsentiert? Oder steckt da auch ein bisschen mehr dahinter? Die Herausforderung, eine Pflanze richtig zu pflegen, die Beschäftigung mit ihr, Ablenkung vom Alltag oder einfach nur Freude an der Natur? Gewiss gibt es keine klaren Grenzen. Schon so mancher, der Blumen anfangs nur als Zierobjekte betrachtete, fand irgendwann mehr Gefallen an der Sache und wurde schließlich zum enthusiastischen Pflanzenfreund.

Egal, ob das Ganze aber nun eine Modenschau oder floraler Ausdruck des inneren Seelenlebens ist: Mich hat die Ansammlung der Kübelpflanzen zu einer kleinen Misswahl inspiriert. Wer hat eine Krone verdient und wer ist das absolute Topmodel unter meinen „Topfmodels"? Wer hat es geschafft, mich über den Sommer am nachhaltigsten zu beeindrucken? Sogar einen kleinen Preis gibt es für die Favoritin. Sie erhält weiter hinten in diesem Buch ein eigenes Kapitel.

Die Qual der Wahl

Die Auswahl ist groß, zu groß. Da gibt es zum Beispiel anspruchsvolle Diven, die ihre eleganten Kleider nur dann zur Schau stellen, wenn sie immer ausreichend Wasser und Dünger erhalten. Die etwas herablassende Engelstrompete etwa zeigt solche Starallüren. Etwas weniger verschwenderisch mag es die so treue und dennoch von sommerlicher Blühfaulheit geplagte *Calla*, deren makelloser Teint einen vor Neid erblassen lässt!

Ganz allgemein stehen die Chancen für klassische Schönheiten heute wieder recht gut. Man denke nur an die nicht enden wollende Karriere der altbekannten Fuchsie. Gerne trägt diese liebenswürdige Persönlichkeit fuchsienrote Röcke (was sonst?) zu blauviolettem Oberteil – eine bissige Farbkombination, die ihr den Titel der „Fashionrebellin" schon mal sichert. An die Magersten unter den Laufstegmodels erinnern die extraschlank geformten Blüten von *Fuchsia magellanica*. Doch während die halb verhungerten Catwalk-Queens oft aussehen, als würden sie den nächsten Winter nicht überleben, ist diese Fuchsie überraschend winterhart. Sie kann auch in unseren Breiten im Freien ausgepflanzt werden und entwickelt sich nicht selten zur Vorzeigeschönheit.

Etwas raffinierter sind da schon die Duftpelargonien. Sie setzen mit ihren kleinen Blüten häufig nur Akzente und bestechen eher durch das wohltuende Grün ihrer interessant geformten Blätter. Richtig punkten können sie zumeist bei der Auswahl des passenden Parfüms. Manche Duftpelargonien riechen frisch und fruchtig, andere bevorzugen den eher schweren Duft von Kiefernharz. Nichts aber überrascht mehr als das gepfefferte Aroma der cleveren kleinen Pfefferpelargonie 'Concolor Lace'.

Doch auch andere Models kennen sich in Sachen Duft aus, zum Beispiel das nach Orangen duftende Wandelröschen. Der Name verrät es schon, das Wandelröschen hat eine gute Wandelbarkeit, und die ist im Model-Business sehr gefragt. Es verfügt des Weiteren über ein vorzügliches Gefühl für Farben und versteht es, selbst stark kontrastierendes Gelb und Pink aufeinander abzustimmen.

Abutilon, die Schönmalve läuft schon seit Großmutters Zeiten als Stilikone und führt ein recht verschwenderisches Leben. Sie blüht nämlich besonders üppig und reich. „The show must go on, and on, and on …", heißt es, und das hat sie sich wohl sehr zu Herzen genommen. Vom Frühling bis in den Winter hinein präsentiert sie ihre leuchtenden Blütenglocken der staunenden Welt. Sogar bei einem Fotoshooting nach den ersten Frösten gibt sie sich noch immer professionell und lässt sich die Zittertemperaturen nicht anmerken. Stolz wahrt sie Haltung und liefert mit den kleinen Eiszapfen an den Blütenblättern ausdrucksstarke Bilder.

Mut zur Farbe

Ob grell, schlicht oder klassisch-cool, die Modewelt liebt Pink! Manche Topfmodels sind mutiger als andere und kombinieren Pink mit feurigem Orange. *Passiflora tulae* aus Puerto Rico zum Beispiel. Sie fällt

Die Schönmalve ist trotz ihrer Exotik eine sehr robuste Kübelpflanze und kann sogar kurzzeitige Minustemperaturen heil überstehen.

Der angenehme Vanille-Duft, den die Blüten von *Passiflora capsularis* verströmen, lässt das Gärtnerherz höher schlagen.

Die kleinen Einzelblüten des Wandelröschens *(Lantana camara)* verändern nach dem Bestäuben durch Insekten ihre Farbe, sodass die Blütenstände stets zweifarbig erscheinen.

neben ihrem trendigen Hippie-Style auch dadurch besonders auf, dass ihre für Passionsblumen typischen Fadenkränze zu einer Röhre verwachsen sind. Derart umgestylt kann man sie auf den ersten Blick nur schwer den Passionsblumen zuordnen. Passionsblumen sind im Allgemeinen erste Wahl, wenn es um ungewöhnliches oder gar bizarres Design geht. Kränze aus Fransen, Fäden oder Locken bilden zumeist das Herzstück der vielfältigen Passionsblumen-Outfits, umrahmt von einem etwas dezenteren Rest, der den Glamourfaktor zur Vollendung hochschaukelt.

Punkten mit Punkten

Nicht zu vergessen ist auch ein Model, das gemeinhin als Schwarzäugige Susanne *(Thunbergia alata)* bezeichnet wird. Ihr ist schon lange klar, dass Smokey-Eyes für Aufsehen sorgen. Darum setzt sie mit dem schwarzen Saftmal im Blütenzentrum ein klares Fashion-Statement. Dass sie hoch hinaus will, sieht man schon an ihrem Wuchsverhalten: Sie schlingt sich bereitwillig um jede Rankhilfe. Gibt man ihr den kleinen Finger, nimmt sie gleich die ganze Hand.

Eher das Gegenteil ist die bescheidene Glockenschönmalve, deren Triebe bis zu zwei Meter von Ampeln herabhängen können. Sie sitzen voller gelber Blütenröckchen, die aus roten Pluderblusen herausragen. Unterstrichen wird diese kräftige Farbauswahl durch die gepunkteten Blätter. Auch Pünktchen sind mal wieder voll im Trend und wirken besonders bei dieser Lady pfiffig und selbstbewusst.

Bühnen der Welt

Die schönste Bühne für ihre Performance erhalten bei uns in Tirol eindeutig die Balkonblumen. Den ganzen Sommer über leuchten Pelargonien, Lobelien, Bidens und Petunia-Hybriden in allen Farben von den Balkonbrüstungen herab. Der Hauch von Konkurrenz um den schönsten Balkonschmuck ist ihrem Wohlbefinden dabei garantiert nicht abträglich. Sogar Starallüren wie extrahoher Nährstoffbedarf werden bereitwillig hingenommen. Einer solchen Tradition kann man sich als Blumenfreund natürlich nicht verschließen. Meine Mutter schwört jedenfalls auf die gefallsüchtigen Surfinia-Petunien. Sie verschönern jedes Jahr in immer neuen Farbkombinationen Haus und Umgebung.

The Winner

Aber wer ist es nun? Wer ist von all den genannten Topfmodels derzeit mein amtierendes Topmodel?

Es mag schwierig sein, eine Entscheidung zu treffen, aber nur eine kann „Blumenkübels next Topfmodel" werden und ein eigenes Kapitel bekommen. Ich habe mich für die Passionsblumen entschieden. Der Look der extravaganten Gattung *Passiflora* ist nur schwer zu kopieren. Exotisch, bizarr und doch von zeitloser Schönheit, erstaunt er die Menschen nun schon seit einigen Jahrhunderten und wird durch den hohen Wiedererkennungsfaktor noch lange nicht passé sein. Eine Marke also, die jedes Jahr aufs Neue wieder zu den Topsellern in den Gärtnereien zählen wird.

Gina kehrt der sommerlichen Fülle der Fuchsien, Pelargonien, Passionsblumen und Schönmalven an der Hauswand gelassen den Rücken zu und kratzt sich erstmal ausgiebig.

Meine
Lieblingspflanzen

Centaurea 'Black Ball', die Schwarze Kornblume.

Fritillaria persica, die Persische Schachbrettblume.

Finstere Zeitgenossen – schwarze Blumen

Farben rufen beim „Augentier" Mensch von allen Eigenschaften einer Blüte die stärksten Eindrücke hervor. Ich erinnere mich noch gut daran, dass in meiner Kindheit besonders die klaren Farben gefragt waren: strahlend gelber Sonnenhut, tiefblauer Rittersporn, scharlachrote Tulpen und Feuerlilien in leuchtendem Orange. Das ist zwar schon einige Jahre her und diese Farben sind auch heute noch auffällige Hingucker, aber es hat einen Wandel gegeben. Die Offenheit gegenüber Farben ist heute größer geworden. Selbst die ungewöhnlichsten Blütenfarben erfreuen sich großer Beliebtheit.

Mich persönlich faszinieren besonders dunkle, manchmal fast schwarze Blüten sehr. In der Natur sind solche „Schwarzmaler" gar nicht ungewöhnlich. So sind beispielsweise die Schwarzrote Akelei *(Aquilegia arata)*, die Schwarze Teufelskralle *(Phyteuma nigra)*, der Schwarze Storchenschnabel *(Geranium phaeum)* und das Kohlröschen *(Nigritella nigra)* bei uns beheimatet. Die Ersteren drei tragen tatsächlich ein recht düsteres Schwarzviolett, Letzteres erinnert mit seinem tiefen Bordeauxrot an reifen Wein.

Im Garten beginnt die Saison der schwarzen Blumen früh im Jahr mit *Salix gracilistyla* var. *melanostachys*. Hinter diesem komplizierten Namen verbirgt sich die Schwarzährige Weide, deren Blütenkätzchen ohne Übertreibung als kohlrabenschwarz beschrieben werden können. Schon Ende Februar kann dieses aus Japan stammende Gehölz blühen. Gerade zu so früher Jahreszeit wirkt sie ein bisschen befremdend und fällt auf. Wie viele andere Weiden, lässt sich auch diese Art leicht aus Stecklingen heranziehen.

Ein typischer Frühlingsbote ist die Primel. Auch sie bekennt sich zum „kleinen Schwarzen". Es sind weniger die neuen Sortengruppen als vielmehr die alten, fast vergessenen, unter denen man die dunkelsten Farbtöne findet: Goldrand-Primeln zum Beispiel. Ihre Blüten sind samtig schwarzrot mit gelbem Saum und stehen in Dolden wie bei den wilden Schlüsselblumen *(Primula veris)*. Im Garten haben sie sich bei mir als reichblühend und robust erwiesen.

Das tiefe Schwarz der Goldrandprimel *Primula* x *veris* 'Gold Lace' wird durch die helle Säumung besonders geschmackvoll inszeniert.

Finstere Bestseller

Zu den meistverkauften Tulpenzwiebeln aller Zeiten gehört wohl die schwarzviolette Sorte 'Queen of Night'. An sonnigen Apriltagen scheint die Färbung dieser Lady geradezu „erfrischend" dunkel, verglichen mit dem üblichen, ewig strahlenden Tulpenrot, dessen Aggressivität man irgendwann überdrüssig wird. Ich habe 'Queen of Night' mit der ähnlich finsteren 'Jackpot' kombiniert, bei der jedoch jedes Blütenblatt einen deutlichen weißen Rand zeigt. Dazu noch ein paar Zwiebeln von 'White Triumphator' – und schon ist das Tulpentrio perfekt. Gerade Weiß bringt Schwarz ja besonders gut zur Geltung.

Das scheint die Akelei 'William Guiness' schon lange zu wissen. Ihre anmutig nickenden Blüten sind von dunkelstem Violett mit weißen Kronblattspitzen im Zentrum. Solche Varianten kannte man von *Aquilegia vulgaris* bereits im Mittelalter.

Etwas jüngeren Datums ist die Akelei 'Black Barlow'. Ihre spornlosen, bauschig gefüllten Blüten sind zur Gänze dunkel und werden bei mir von den dottergelben Blüten eines ebenfalls gefüllten Hahnenfußes *(Ranunculus acris* 'Flore Pleno'*)* begleitet. Die beiden Farben sind so unterschiedlich, dass sie sich gegenseitig in ihrer Wirkung steigern, anstatt sich die Show zu stehlen.

Manche der finsteren Zeitgenossen haben zusätzlich zur ausgefallenen Blütenfarbe auch noch einen ungewöhnlichen Duft. So die Schokoladenkosmee *(Cosmos atrosanguineus)*, deren Blüten tatsächlich einen sanften Hauch von Schokoladeduft verströmen. Als Gartenpflanze soll ihr, besonders auch wegen der monatelangen Blütezeit, eine glorreiche Zukunft bevorstehen. In der Natur gilt sie jedoch bedauerlicherweise als ausgestorben. Der Fall zeigt deutlich, wie wichtig Gärten heute auch als Refugien für seltene Arten sein können.

Schwarz geht auch schnell

Wer möglichst schnell sehr viele dunkle Blüten in seinem Garten haben möchte, der greift am besten auf einjährige Pflanzen zurück. Der dicht gefüllte schwarzviolette Schlafmohn 'Black Paeony' *(Papaver somniferum)* und die schwarzrote Kornblume 'Black Ball' *(Centaurea cyanus)* sind die Nachfahren berüchtigter Ackerunkräuter. Sie blühen schon wenige Monate nach der Aussaat und eignen sich gut, um Beetlücken zwischen einziehenden Frühlingsblumen zu schließen. Ich verwende die beiden stets gemeinsam und auf größeren Flächen, um eine besonders düstere Wirkung zu erzielen.

Dunkle Blüten sind eindeutig auf dem Vormarsch. Lassen wir sie gewähren, denn „Schwarz" ist nicht selten die Farbe, die in einem bunten Blumenmeer gerade noch gefehlt hat!

Die Akelei, edelstes aller Gewächse

Aquilegia desertorum gehört zu den wenigen orangefarben blühenden Akeleien und stammt ursprünglich aus den Bergregionen Arizonas.

Teufelsglocke, Blutglocke und Adlerkralle sind nur die markantesten der vielen Namen, die der Volksmund für die Akelei im Laufe der Zeit fand. Ich persönlich nenne sie gern edelstes aller Edelgewächse, denn für mich ist sie die liebenswürdigste und perfekteste Blume, die mir je begegnet ist. Es liegt wohl am besonders ansprechenden Erscheinungsbild dieser Pflanze und daran, dass sie exzellent zu meinem Gartenstil passt. Die Gattung *Aquilegia* erfüllt alles, was ich mir nur von einer Blume wünschen kann. Akeleien gibt es in allen Farben und in den unterschiedlichsten Blütenformen. Sie tragen hübsches Blattwerk, sind standortgerecht gepflanzt sehr pflegeleicht, säen sich selbst im Garten aus, locken Insekten an und lassen sich gut vermehren und züchten.

Blume mit Geschichte

Oft liest man über Akeleien, dass sie altmodische Blumen seien und besonders gut in Bauerngärten passen. Natürlich steckt darin ein

Aquilegia chaplinei wirkt wie eine Miniaturversion der bekannten Goldakelei. Wie kleine Sternschnuppen scheinen ihre Blüten durch den Garten zu schweben.

Funken Wahrheit, allerdings nur in Bezug auf die verschiedenen Gartenformen der gewöhnlichen Akelei. Sie waren tatsächlich schon im Mittelalter bekannte Gartenblumen. Wegen ihrer Schönheit genauso wie auch wegen ihrer Verwendung zu teils fragwürdigen Heilzwecken. In manchen Zeiten wurden sie geradezu verehrt. Wegen ihrer doppelt dreiteiligen Blätter galten sie im Christentum als Symbol für die heilige Dreifaltigkeit. Zu anderen Zeiten galt es als unschicklich, wenn ein Mann einer Frau einen Akeleistrauß schenkte. Schon damals fiel nämlich auf, dass *Aquilegia vulgaris* sehr fruchtbar ist. Die unterschiedlichen Sorten kreuzen sich ungehemmt miteinander und sorgen an ihnen zusagenden Standorten großzügig für Nachwuchs, wenn man die Samenstände nicht vor der Reife entfernt. Interessant ist, dass die Indianer Nordamerikas die dort heimische karmesinrote *Aquilegia formosa* gerade deswegen verehrten und sie als Liebesblume und Fruchtbarkeitssymbol in ihren Ritualen gebrauchten.

Leider gelten viele historische Sorten der *Aquilegia vulgaris* als verschollen. Jene, die bis heute überlebt haben, erleben derzeit aber einen echten Boom und werden auch wieder für die Zucht verwendet. Besonders zu empfehlen sind die eigentlich Akelei-untypischen, spornlosen Formen, deren Blüten flach ausgebreitet sind und eher an Clematis erinnern. Geradezu bizarr wirkt diese Blütenform, wenn die Kelchblätter wie bei 'Nora Barlow' stark vervielfacht sind. Wie kleine Kaktusdahlien muten die Blüten dann an. 'Nora Barlow' gehört zu den beliebtesten Akeleien, weil sie diese bauschige Form mit einer besonders ansprechenden weiß-grün-pinkfarbenen Zeichnung verbindet. Nach ihrem Vorbild wurden auch die schwarzviolette 'Black Barlow', die blaue 'Blue Barlow', die burgunderrote 'Ruby Port', die grünlichweiße 'Green Apples' und die blauweiße 'Christa Barlow' gezüchtet. Sie alle sind langlebig, stellen kaum Ansprüche und säen sich sogar selbst aus. Die Sämlinge können, bedingt durch das immer wieder erstaunliche „Vermisch-dich-Spiel" der Akeleien, sowohl gespornte als auch ungespornte Blüten, in vielen weiteren Farbtönen haben.

Sortenvielfalt ohne Ende

Viele der aktuell im Handel erhältlichen Gartensorten, Hybriden und Wildarten der Akelei sind keineswegs alte Bekannte. Erst in den letzten Jahrzehnten eingeführt, sind etliche von ihnen noch ausgesprochene Raritäten, die zu sammeln, für mich zur Sucht geworden ist. Einige sind mit etwas Glück in Spezialgärtnereien ausfindig zu machen, andere bekommt man nur als Saatgut und muss sie selber heranziehen. Von den ca. 70 Wildarten, finden sich schon gut 40 in meinem Garten. Hinzu kommen hunderte Gartenformen. Doch es liegt in der Natur dieser Pflanze, dass es unmöglich ist, sie alle zu besitzen. Selbst grundverschiedene Akeleien kreuzen sich miteinander, wenn sie im selben Beet untergebracht sind. Aus diesem Grund gibt es in den Gärten der Welt wohl Zigtausende verschiedene Varianten. Nur ein kleiner Bruchteil davon schafft es wohl, größere Bekanntheit zu erlangen. Auch in meinen Beeten ist das Potential an möglichen Neukombinationen des Erbguts unüberschaubar geworden. Ich entdecke jedes Jahr viele Neulinge.

Die graziöse *Aquilegia rockii* aus Tibet, hier kombiniert mit dem heimischen *Geranium phaeum*, einer besonders dunkel blühenden Art des Storchschnabels.

Züchterische „Fashion-Statements"

Noch spannender als das unkontrollierte Vermisch-dich-Spiel, finde ich aber die gezielte Zucht. Dabei kreuze ich zwei verschiedene Akeleien miteinander, indem ich ihre Blüten künstlich per Hand bestäube. Das so gewonnene Hybrid-Saatgut ernte ich vor dem Ausfallen und säe es unter kontrollierten Bedingungen aus. Die Pflanzen, die aus diesen Experimenten hervorgehen, blühen meist schon im Folgejahr der Aussaat und sind immer für unerwartete Überraschungen gut.

Es ist mir aber auch schon gelungen, auf bestimmte Ziele hin zu kreuzen. So las ich etwa vor einigen Jahren davon, dass sich in amerikanischen Gärten die dort heimischen Wildarten immer wieder mit gefüllten europäischen Gartensorten kreuzen und dabei gefüllte Hybriden in Rot und Gelb entstehen. In Europa sind gefüllte Formen in diesen Farben beinahe gänzlich unbekannt, ja es gibt keine einzige erhältliche Sorte dieser Art. Ich beschloss also, mir solche Akeleien einfach selber heranzuzüchten und kreuzte dazu mehrmals die rote *Aquilegia formosa* und die gelbe *Aquilegia chrysantha,* mit meinen alten gefüllten Sorten. Mit großem Erfolg! Die schönste Akelei, die ich auf diese Art erhielt, blüht leuchtend Rot mit gelben Kronblattspitzen und ist tatsächlich mehrfach gefüllt. Ich benannte sie scherzhaft 'Fashion Statement' und stellte auch ein Foto von ihr auf meine Gartenhomepage. Als ich kurz darauf ein E-Mail von Carrie Thomas bekam, in dem sie mich um Samen von 'Fashion Statement' und einigen anderen meiner Akeleien bat, staunte ich nicht schlecht. Carrie ist eine der größten Akelei-Spezialisten der Welt und besitzt in Großbritannien die offizielle Sammlung an Kultivaren der *Aquilegia vulgaris,* die National Plant Collection® of *Aquilegia vulgaris* cultivars and hybrids. Auch sie züchtet selber und hat bereits zahlreiche gefüllte Sorten in Gelb, Orange und Rot erzielt, von denen jedoch keine meiner genau gleicht. Als Gegenleistung bot sie mir Samen aus ihrer wertvollen Sammlung an. Ich war hocherfreut und natürlich folgten eine große Samenaustauschaktion über den Ozean und ein angeregtes Fachsimpeln. Wer weiß – vielleicht sind unsere gefüllten Akeleien in den neuen Farben ja bald allgegenwärtig und setzen dann tatsächlich ein „Fashion Statement“ in der kommerziellen Pflanzenzucht.

'Fashion Statement' nenne ich diese mehrfach gefüllte rotgelbe Akelei, die aus meinen eigenen Zuchtversuchen hervorging.

Was Akeleien mögen

Wenn man seltene Akeleien kultivieren möchte, braucht man unbedingt einen Steingarten mit einigen halbschattigen Standorten, weil die meisten Arten in der Natur Bergblumen sind und weder Staunässe noch Stauhitze mögen. Im sandigen Substrat eines Natursteingartens finden sie ideale Bedingungen. Mit etwas Glück vermehren sich dort auch schwierige Arten durch Selbstaussaat. Ich möchte anschließend einige besonders empfehlenswerte Akeleien vorstellen, mit denen ich gute Erfahrungen gemacht habe. Zugleich wird dies auch eine kleine Reise rund um die nördliche Hemisphäre, denn wilde Akeleien finden sich in Mittel- und Nordamerika, Europa und Asien.

Die Amerikaner

Den Anfang macht eine grazile Mexikanerin namens *Aquilegia longissima.* Sie trägt von allen Akeleien die längsten Nektarsporne, über zehn Zentimeter können sie messen. Da die Blüten zusätzlich noch gelb sind, scheint es, als hätte man Sternschnuppen vor sich, die mit ihrem Kometenschweif durch den Garten reisen. Aquilegia longissima lässt sich leicht aus Samen ziehen. Sie wird etwa 35 Zentimeter hoch, ebenso wie die weiter nördlich in Arizona beheimatete *Aquilegia desertorum.* Auf Deutsch wird diese orangefarben blühende Spezies Wüstenakelei genannt. Sie gehört zu den hitze- und trockenheitsverträglichsten Akeleien überhaupt, ist sie doch in ihrer warmen Heimat in kargen und wasserarmen Bergregionen zu finden. An warmen Standorten im Steingarten ist sie auch bei uns ausreichend winterhart und ein schöner Blickfang.

Etwas weiter im Norden, in den Rocky Mountains, findet man gleich mehrere hübsche Akeleiarten. Zwei davon, *Aquilegia saximontana* und *A. jonesii* sind zierliche Winzlinge von weniger als zehn Zentimeter Höhe. Sie gedeihen bei mir gut im Tonscherbengarten und blühen als Erste bereits Anfang April. Eine andere, die Rocky-Mountain-Akelei *(Aquilegia caerulea)*, wurde nicht nur nach der gleichnamigen Bergkette benannt, sondern genießt zudem auch noch die Ehre, die Wappenblume Colorados zu sein. Ihre großen aufrechten Blüten sind blauviolett mit weißen Kronblättern und tragen lange gerade Sporne. Es muss ein beeindruckendes Erlebnis sein, eine blühende Bergwiese in den Rocky Mountains zu sehen, die mit diesen Blüten übersät ist. Als Gartenpflanze hat die Rocky-Mountain-Akelei nicht nur als reine Art Bedeutung, sondern ist auch ein Elternteil vieler langsporniger Züchtungen.

Etwas bescheidener und zierlicher wirkt die schon erwähnte Karmesinrote Akelei *(Aquilegia formosa)* aus dem westlichen Nordamerika. Ihre hübschen Blüten sind zwar klein, aber erscheinen auffallend zahlreich und bis in den September hinein. Ein geschützter Platz an unserem Pavillon gefällt dieser Art besonders gut. Sie bildet dort extragroße Horste und grüßt jeden Besucher mit einer Heerschar entzückender Blüten. Das Pendant zur westlichen *Aquilegia formosa* ist die Kanadische Akelei *(Aquilegia canadensis)* aus dem östlichen Nordamerika. Sie ist kleiner und weniger reich blühend, dafür aber auch anspruchsloser. Ihre rot-gelben Blüten finden sich bei mir sowohl im Steingarten als auch in den normalen Staudenbeeten. Sie war eine der ersten amerikanischen Akeleien, die über den Ozean in europäische Gärten gelangten. Inzwischen ist sie sogar bekannter als manche heimische Art, wie etwa die hübsche *Aquilegia einseleana*, die zu den seltensten Akeleien Europas gehört. Sie gilt als Endemit und ich kenne bisher nur einen einzigen Naturstandort in Tirol. Interessanterweise entwickelt sich *Aquilegia einseleana* im Garten sehr viel prächtiger als in der Natur. Eine meiner Pflanzen ist im Juni eine einzige Wolke aus winzigen blauen Akeleiblüten. Auch ihr besonders fein zerteiltes Laub macht einiges her. Es erinnert stark an Frauenhaarfarne.

Eine weitere blau blühende Art aus Europa ist die kaukasische *Aquilegia olympica*. Ihre großen nickenden Blüten ähneln der gewöhnlichen *Aquilegia vulgaris*, sind jedoch noch vornehmer geschwungen. Außerdem sind sie nicht einfarbig blau, sondern tragen weiße Kronblattspitzen. *Aquilegia olympica* gedeiht gut in drainierten Böden und entwickelt sich zu einer prächtigen Staude, die von Jahr zu Jahr kräftiger wird.

Die karmesinrote *Aquilegia formosa* blüht hier direkt neben ihrer gelborangen Verwandtschaft, *Aquilegia shockleyi*, mit etwas größeren Blüten.

Die Asiaten

Alle bisher genannten Akelei-Arten tragen keinen nennenswerten Duft. In Asien sind jedoch zwei Arten beheimatet, die wegen ihres Duftes immer häufiger kultiviert werden: die Duftakelei *(Aquilegia fragrans)* aus dem westlichen Himalaja und die Grünblütige Akelei *(Aquilegia viridiflora)* aus Russland. Erstere hat weiße Blüten mit einem gelblichen Hauch und fällt besonders durch ihre üppigen gelben Staubfäden auf. Sie ist eine ausgesprochene Hochgebirgspflanze und blüht bei mir am besten an einem halbschattigen Platz im Steingarten. Letztere wächst auch in normaler Beeterde und hat eine für Akeleien völlig untypische Farbgebung: Ihre Blüten tragen große braune Kronblätter zu grünen Kelchblättern und erinnern von der Form her an einen Reifrock. Den Duft würde ich bei beiden Arten als fruchtig beschreiben, auch wenn oft behauptet wird, dass *Aquilegia viridiflora* nach Schokolade duften würde. Beide wären auch ohne Duft absolut gartenwürdig.

Erst ein Wintereinbruch Anfang Dezember, konnte die Blühwilligkeit der reizenden *Aquilegia buergeriana* aus Japan stoppen.

Gartenwürdig ist auch die zierliche, in China beheimatete Scheinakelei *(Aquilegia ecalcarata)*, deren altrosafarbene Blüten keine Sporne tragen. Eigentlich ist sie gar keine Scheinakelei, sondern eine echte Akelei. Aus diesem Grund wird sie auch nicht mehr *Semiaquilegia ecalcarata* genannt. Den Beweis, dass sie der Gattung *Aquilegia* angehört, liefern die vielen Hybriden, die sie bereitwillig mit anderen Akelei-Arten bildet. Bei mir hat sie sich beispielsweise mit *Aquilegia vulgaris* und *Aquilegia canadensis* eingelassen. Überhaupt ist die Scheinakelei kein Kind von Traurigkeit und gedeiht sowohl im Steingarten als auch im schattigen Staudenbeet sehr gut.

Eine weitere Akelei mit altrosafarbenen Blüten, dieses Mal jedoch wieder mit Spornen, ist *Aquilegia rockii* aus Tibet. Ihre Blüten zeigen einen geschmackvollen Farbverlauf. Zu den Kronblattspitzen hin wird das Altrosa immer heller, während es zu den Spornen hin immer dunkler wird und schon ins Blauviolette geht. Auffallend ist auch, dass ihre Blüten ganz schlank geformt sind, sodass sie ein wenig an Weinflaschen erinnern. Alles in allem ein sehr anmutiges Gewächs, das man mit anderen zartgliedrigen Pflanzen kombinieren sollte.

Abschließend sei noch *Aquilegia buergeriana*, eine bezaubernde Japanerin, vorgestellt. Sie gehört mit gutem Grund zu meinen absoluten Lieblingsakeleien, denn sie blüht länger als alle anderen. Auch im Hochsommer und im Herbst schiebt sie laufend neue Blütenstängel nach. Einmal hatte sie sogar noch im Dezember ein paar Blüten und ich konnte ein hübsches Foto schießen, als der erste Schnee ihre aparten Blüten sacht mit weißen Eiskristallen bedeckte. Auch hier haben wir es wieder mit einer Akelei zu tun, die eine ungewöhnliche Blütenfärbung zeigt. Sie trägt lange gelbe Kronblätter zu einem purpurfarbenen Rest. Es gibt auch eine weiß-gelbe Variante, die leider selten kultiviert wird. Durch die lange Blütezeit ist es sehr einfach, *Aquilegia buergeriana* sortenecht zu vermehren. Wenn im Hochsommer alle anderen Akeleien längst verblüht sind, kann sie sich nämlich nur noch mit sich selbst bestäuben und hat gar keine Chance, sich fremd zu kreuzen.

Iris barbata 'Echo De Franko'

Iris barbata 'Call Waiting'

Bartiris – Liebe auf den zweiten Blick

Iris barbata, die Bartiris, gehört zu den ältesten Gartenblumen überhaupt. Auf vielen historischen Gemälden ist sie verewigt, oft in Gesellschaft von Akelei, Madonnenlilie und Rose. So kann man heute sagen, dass diese Blume ein wahrer Dauerbrenner unter den Top Ten der beliebtesten Gartenstauden ist.

Erstaunlicherweise mochte ich die Bartiris anfangs nicht sonderlich gern. Sie schien mir zu gewöhnlich und „abgedroschen". Beinahe in jedem zweiten Garten unseres Dorfes findet man die alten blauvioletten Sorten. So schenkte ich dieser Schönheit mit Bart vorerst kaum Beachtung. Hätte ich damals geahnt, wie groß und ungewöhnlich die Sortenvielfalt bei Bartiris abseits des Gewöhnlichen ist, wäre das gewiss anders gewesen.

Mein erstes Exemplar einer üblich blauen *Iris barbata* bekam ich eines Tages geschenkt. Ich wollte sie noch nicht einmal in meinem Garten haben und pflanzte sie deswegen in den meiner Großmutter. In einem schmalen Beet, direkt neben dem Pflasterweg, buddelte ich die Rhizome ein und überließ sie dann ihrem Schicksal. Übel genommen hat sie mir diese Vernachlässigung nicht. Wie ich später herausfinden sollte, wollen Bartiris sogar alles andere als verhätschelt werden. Mein „Stiefkind" schien den sonnigen und trockenen Platz direkt neben den sonnenwarmen Pflastersteinen geradezu zu genießen und

Iris barbata
'Brown Lasso'

entwickelte sich prächtig. Blattfächer um Blattfächer entfaltete sich, und jedes Jahr zur Blütezeit im Mai verdoppelte sich die Anzahl der Knospen. Nur wenige Stauden sind so dankbar.

Heute bekenne ich mich dazu, süchtig nach Bartiris zu sein. Irgendwann fiel mir auf, wie unüberschaubar viele Sorten es gibt und wie schön diese sind. Die charakteristische Blüte besteht aus drei aufrechten Blütenblättern, den sogenannten Domblättern, und drei herabhängenden Blütenblättern, den Hängeblättern. Häufig sind Dom- und Hängeblätter unterschiedlich gefärbt, und selbst die Bärte – sie sitzen auf den Hängeblättern – können farblich stark mit dem Rest der Blüte kontrastieren.

Klein, größer, ganz groß

Man unterteilt Bartiris in drei Gruppen, die sich in der Wuchshöhe unterscheiden. Wer sich mit dieser Staude beschäftigt, wird deshalb immer wieder mit den Bezeichnungen Niedrige, Mittlere und Hohe Bartiris konfrontiert werden. Erstere werden lediglich um die zwanzig Zentimeter hoch, Letztere erreichen sogar eine Höhe von einem Meter.

Besonders gefragt sind hohe Bartirissorten mit möglichst großen Einzelblüten. Mir persönlich sind die kleinblumigen Sorten lieber, weil sie oft reich verzweigte Blütenstängel haben und etwas länger blühen. Unter ihnen haben sich folgende drei Sorten besonders gut bei mir gemacht: 'Tiny', die einen bernsteinfarbenen Dom trägt, der etwas gewagt mit den fliedervioletten Hängeblättern wetteifert, 'Echo de Franko', deren Domblätter cremeweiß sind und in strahlender Frische mit den gelben Hängeblättern harmonieren, und zum Schluss die bezaubernde 'Call Waiting', deren Blüten einen Farbverlauf von Orange zu Terrakotta zeigen und selbst als Schnittblume in der Vase noch bewundernde Blicke auf sich ziehen.

Unter den Großblumigen finde ich, dass 'Stepping Out' herausragt. Ihre weißen Hängeblätter sind dunkelblau umrandet, die Domblätter blau-weiß gesprenkelt. Der Bart leuchtet in Goldgelb. Besonders eindrücklich wirkt ihre Extravaganz, weil es sich um eine ausgesprochen hohe Sorte handelt. Sie erreicht spielend eine Höhe von 130 Zentimeter.

Meine niedrigen Bartirissorten habe ich vor allem im Natursteingarten untergebracht, wo sie am besten zur Geltung kommen und sich auch sehr wohlfühlen. Sie blühen bis zu vier Wochen vor den hohen Sorten, manchmal schon Anfang April. Besonders reich blühen bei mir die dunkelviolette 'Demon' und die goldgelbe 'Hamburger Michel' mit rostroter Zeichnung auf den Hängeblättern. Bewundernswerte Blüten trägt 'Bickbeer & Karamell', sie sind goldgelb-braun mit einem blauen Bart.

Was Iris mag

Um Iris im Garten zufriedenzustellen, braucht es nicht viel. Als Kinder mediterraner Klimate wollen sie einen sonnigen, warmen Standort und einen durchlässigen Boden, sind aber gut winterhart. Gießen und Düngen muss man sie kaum, denn sie sind an karge Bedingungen angepasst. Viele alte Sorten, wie zum Beispiel die robuste 'Wabash', haben nicht zuletzt deshalb bis in unsere Zeit überlebt, weil sie die Fähigkeit besitzen, über Jahrzehnte hinweg ohne besondere Pflege am selben Standort überdauern zu können. Neuerdings werden Bartiris sogar zusammen mit verschiedenen Sedum- und Laucharten in extensive Dachbegrünungen integriert, weil sie so widerstandsfähig sind. Kurzum: Bartiris sind nicht nur ganz besonders schön, sondern auch extrem pflegeleicht und darum zu Recht sehr empfehlenswerte Gartenpflanzen.

Lerchensporne – Adel verpflichtet

Wer Naturgärten mag und der heimischen Flora einen Platz in seinem Garten bieten möchte, der sollte unbedingt auch an den Lerchensporn denken. *Corydalis solida,* der Gefingerte Lerchensporn, und *Corydalis cava,* der Hohle Lerchensporn, sind beides mehrjährige Knollenpflanzen, die man in der Natur in Laubwäldern und Auen findet. Im Garten begnügen sie sich mit einem Plätzchen unter Hecken oder Sträuchern, sind aber auch sonnigeren Standorten nicht abgeneigt. Die Blütezeit fällt je nach Witterung zwischen Anfang und Ende des Frühlings. An kaum 20 Zentimeter hohen Stielen stehen zahlreiche violette oder weiße Einzelblüten, die jeweils einen stumpfen Nektarsporn tragen. Umgeben von den doppelt dreizähligen Blättern wirken sie sehr elegant.

Lerchensporne mögen die Gesellschaft anderer Frühlingsblumen sehr gern. Blausterne, Veilchen, Primeln und Lungenkräuter haben beispielsweise die gleichen Ansprüche und sind auch in der Natur häufig ihre Nachbarn. Eine besonders hübsche Sorte des gefingerten Lerchensporns ist 'G. P. Baker'. Ihre strahlend rotvioletten Blüten leuchten selbst aus dunklem Schatten noch hervor. Nach der Blütezeit bilden beide Lerchensporn-Arten schnell Samen und ziehen sich anschließend wieder in ihr unterirdisches Speicherorgan zurück.

Die himmelblauen Blüten von *Corydalis flexuosa* stehen in lockeren Trauben und tragen jeweils einen langen graziösen Nektarsporn.

Corydalis cava, der hohle Lerchensporn, eignet sich hervorragend zum Verwildern in naturnahen Gärten.

Bereits im Spätfrühling sind sie vollständig von der Bildfläche verschwunden. So stört es auch nicht, dass sie sich in manchen Gärten großzügig aussäen. Auf alten Friedhöfen, aber auch in Parkanlagen findet man manchmal riesige Lerchenspornbestände, die den Rasen im April in ein Blütenmeer aus verschiedenen Violetttönen verwandeln.

Die Gattung *Corydalis* bietet dem Gartenbesitzer neben diesen beiden heimischen auch noch viele weitere Arten, die sich allesamt gut im Garten machen. Besonders ästhetisch ist etwa der Immergrüne Lerchensporn *(Corydalis sempervirens)*, dessen zahlreiche rosafarbenen Blütchen ein gelbes Saftmal tragen. Auf durchlässigen Böden verwildert auch diese Art gut.

Die Schönsten der Schönen

Die schönsten Lerchensporne kommen ohne Zweifel aus China. Besonders für Aufsehen sorgte in den letzten Jahren *Corydalis flexuosa*. Dieser leuchtend blau blühende Lerchensporn aus dem Himalaja ist ein wahres Schmuckstück. Am wohlsten fühlt er sich im Halbschatten. Der Boden sollte frisch sein und basisch. Gefällt es dem Lerchensporn, breitet er sich langsam mithilfe von Brutknollen aus. Nach der Blütezeit im Frühsommer legt er eine kurze Sommerruhe ein, bevor er dann im Herbst wieder austreibt. Also nicht erschrecken, wenn er plötzlich von der Bildfläche verschwunden ist.

Mein erklärter Liebling ist *Corydalis nobilis*, der ehrwürdige Königslerchensporn. Sein natürliches Herrschaftsgebiet erstreckt sich von Weißrussland über Kasachstan bis in die Mongolei. Wegen seiner erhabenen Schönheit darf er seinen Adel heute jedoch auch fern der Heimat, in den Gärten der nördlichen Hemisphäre, darbieten. Im Mai erscheinen bis zu dreißig Blüten in einer kompakten Traube, die sich leicht nach vorn neigt. Sie sind goldgelb und tragen jeweils einen braunen bis purpurfarbenen Fleck. Dieses kleine braune Saftmal ist sozusagen das Tüpfelchen auf dem i, welches dieser Art eine derart noble Ausstrahlung schenkt. Ich kultiviere meinen Königslerchensporn im Natursteingarten. Kaum gepflanzt, fielen schon die Schnecken über ihn her und fraßen ihn ratzekahl ab. Ich hatte ihn schon verloren geglaubt, aber im nächsten Frühling trieb er wieder kräftig aus und blühte prächtig. Er ließ es sich nicht nehmen, auch in meinem Garten das Zepter zu schwingen, denn Adel verpflichtet schließlich!

Fritillarien – bezaubernde Charakterdarsteller

Man sieht es sofort: Fritillarien sind anders. Nur wenige Blumen verstehen es derart gekonnt, eleganten Charme mit der Anziehungskraft des Exotischen zu verbinden. Dabei sind diese Zwiebelpflanzen alles andere als exotisch. Eine besonders liebenswürdige Art ist sogar bei uns heimisch: *Fritillaria meleagris,* die geschützte Schachbrettblume. Sie bewohnt feuchte Wiesen Europas. Besonders schöne Bestände gibt es noch auf den Britischen Inseln, wo man sie „Schlangenkopf-Lilie" nennt. Dieser Name weist darauf hin, dass Fritillarien zu den Liliengewächsen zählen, und beschreibt, wie auch der deutsche Name, die auffällige Zeichnung der Blüten. Die rosafarbenen Glockenblüten tragen eine kräftig purpurrosa Schachbrettmusterung, die tatsächlich an die Schuppen von Schlangen denken lässt. Die weiße Form 'Alba' zeigt dieses „Schuppenkleid" jedoch nur ganz fein in einem sanften schimmernden Grün.

Die von Blüten übersäten Ranken der besonders frühen *Clematis* 'Pixie' umschmeicheln die anmutige *Fritillaria michailovskyi* aus der Türkei.

Beide Formen eignen sich hervorragend zum Auswildern im Naturgarten, wo sie sich an Teichrändern und in frischen Wiesen am

Die unkonventionell gefärbten Glockenblüten der *Fritillaria assyriaca*, im Hintergrund der Hausberg Pölven.

wohlsten fühlen. Lässt man ihre Zwiebeln ungestört, leben sie sich auch in normalen Blumenbeeten gut ein. Nach der Blütezeit Mitte Frühling bilden Schachbrettblumen attraktive Samenkapseln aus, die man stehen lassen sollte. Eine Selbstaussaat ist bei solchen Kostbarkeiten nämlich äußerst wünschenswert.

Um einiges populärer ist die herrschaftliche Kaiserkrone. *Fritillaria imperialis* kam bereits vor 400 Jahren aus der Türkei nach Europa. Obwohl seitdem längst zu einem gewohnten Anblick im Frühlingsgarten geworden, wirkt sie dort noch immer exotisch. Mit etwa einem Meter Höhe ist sie zudem auffällig groß für die frühe Jahreszeit. Auch die Anordnung der glockenförmigen Blüten spricht für sich. Sechs bis acht davon sitzen jeweils unter einem auffälligen Schopf aus Laubblättern. Neben den üblichen orangefarbenen und gelben Sorten gefallen mir besonders solche mit gelb gerandeten Blättern, wie die hübsche 'Aureomarginata'.

Schmuckstücke und Kletterkünstler

Schachbrettblume und Kaiserkrone sind nur zwei Arten einer großen Gattung. Über hundert verschiedene *Fritillaria*-Arten gibt es, darunter so mancher kostbare Schatz für den Garten. Besonders charakteristisch für Fritillarien sind die gewagten Farbkombinationen. *Fritillaria assyriaca* aus Kleinasien und *Fritillaria michailovskyi* aus der Türkei tragen zum Beispiel braunpurpurfarbene Blütenglocken mit goldgelben Spitzen. Beide gehören zu den dankbaren Arten, die sich schnell im Garten einleben. Von ersterer habe ich mittlerweile sogar größere Bestände, weil sie viele Brutzwiebeln bildet.

Noch ungewöhnlicher ist *Fritillaria verticillata*, die kletternde Schachbrettblume. Mithilfe ihrer spiralig eingedrehten Blattspitzen kann diese Art tatsächlich bis zu 70 Zentimeter an Gräsern und anderen Pflanzen hochklettern. Ihre nickenden, grünlich cremeweißen Blüten sind in lockeren Trauben angeordnet und erscheinen in meinem Garten meist Anfang Mai. Ich war sehr überrascht, wie anspruchslos diese ursprünglich aus China stammende Pflanze ist. Sie vermehrt sich stetig durch Brutzwiebeln.

Gute Erfahrungen habe ich mit *Fritillaria persica* gemacht, deren Aufbau einem Glockenturm voller schwarzvioletter Blütenglocken ähnelt. Auch *Fritillaria purdyi* und *F. acmopetala* sind empfehlenswerte Schmuckstücke, die beide Steingartenbedingungen wollen.

Die beste Pflanzzeit für Fritillarien ist der September. Mittlerweile sind von vielen hübschen Arten Zwiebeln erhältlich. Die Versuchung, eine kleine Sammlung anzulegen, ist groß. Wert sind sie es allemal, die Schlangenkopflilien!

Kirschrote Koronafäden mit weißen Spitzen sind das Markenzeichen der besonders hübschen *Passiflora* 'Anastasia' die zu den besten Passionsblumen für die Kübelpflanzenkultur gehört.

Die Passionsblume – meine Favoritin

Die Liebe zu den exotischen Passionsblumen begann bei mir ganz unspektakulär auf dem Komposthaufen einer Gärtnerei. Auf diesem lag ganz obenauf eine etwas mitgenommene Kletterpflanze, die in einen Drahtbügel geflochten war. Sie tat mir leid, und so beschloss ich, sie vor ihrem sicheren Ableben zu retten. Ich fragte die Gärtnerin, ob ich sie denn nicht haben dürfte. Ich durfte, und so hatte, wie ich bald herausfand, eine *Passiflora x violacea* den Weg zu mir gefunden. Zu Hause angekommen, befreite ich ihre meterlangen Triebe aus dem Drahtbügel, pflanzte sie in einen geräumigen Topf, baute ihr ein großes Klettergerüst, stellte sie auf den Balkon und redete ihr gut zu. Sofort begann sie neu auszutreiben. Bereits im Herbst wurde ich mit den ersten rotvioletten Blüten belohnt, die bei dieser Hybride sehr geschmackvoll von einem schwarz-weißen Strahlenkranz gekrönt sind.

Ich war hin und weg vor Freude. Mit großem Eifer begann ich mich von nun an für die Gattung *Passiflora* zu interessieren. Schon bald legte ich mir weitere Sorten zu und wurde zum begeisterten Sammler. Pflanzenkenner werden es sicher verstehen, denn nur

Umgeben von ihrer Verwandschaft schwimmt die rotviolette *Passiflora* x *violacea* in einer Glasschale und wird so zur exotischen Tischdekoration.

Passiflora caerulea 'Constance Elliott' ist die reinweiße Form der blauen Passionsblume und bis –15 °C winterhart.

wenige Gewächse dieser Erde sind mit solch einzigartigen Blüten gesegnet. Meist zehn, flach ausgebreitete Blütenblätter bilden eine Schale. Aus ihrer Mitte ragt ein Stiel heraus, der Fruchtknoten und Staublätter sowie einen oder mehrere Ringe aus fleischigen Koronafäden trägt. Dieser typische Ring aus Korona-Fäden wird unter Liebhabern meist als Strahlenkranz bezeichnet.

Mehr als 400 Arten zählt die Gattung *Passiflora,* und jede Art interpretiert diese Blütenform ein bisschen anders. Da außerdem im Lauf der Zeit unzählige Sorten und Hybriden gezüchtet wurden, steht dem Sammler eine beeindruckende Vielfalt an Farben und Formen zur Verfügung.

Besonders über das Internet habe ich auch andere Passionsblumensammler kennengelernt und war erstaunt, wie groß die Anhängerschaft dieser Pflanze ist. Die Erfahrungen, Samen, Stecklinge und Pflanzen, die ich mit diesen Gleichgesinnten ausgetauscht habe, sind dafür verantwortlich, dass ich heute eine so vielfältige Auswahl an Passionsblumen kultivieren kann.

Blaue Passionsblume und ihre Hybriden

Wohl die bekannteste Art ist *Passiflora caerulea,* die Blaue Passionsblume. Sie wird schon seit Jahrzehnten als Kübel- und Zimmerpflanze geschätzt und ist in milden Gegenden sogar winterhart. Fröste bis minus 15 °C können ihr nichts anhaben, solange der Boden trocken ist. Nach einigen Jahren kann sie sogar Höhen von bis zu zehn Metern erreichen. Mein Auspflanzungsversuch am Pavillon brachte dagegen nur deprimierende Resultate, denn die Tiroler Winter sind schlichtweg zu kalt. Mein armes Versuchskaninchen fror jedes Jahr bis knapp über den Boden zurück und musste so im Frühling wieder komplett neu aus dem Wurzelstock austreiben. Geblüht hat es darum immer erst im Herbst. Ein besonders harter Winter gab ihr schließlich den Rest, und ich sah ein, dass es keinen Sinn machte, sie im Garten zu halten.

Aus *Passiflora caerulea* sind zahlreiche Sorten und Hybriden hervorgegangen, die zu den dankbarsten und blühfreudigsten Passionsblumen zählen. *Passiflora caerulea* 'Constance Eliott' ist die reinweiße Auslese der Art und ebenso robust und pflegeleicht wie diese. Auch sie habe ich im Weinbauklima schon ausgepflanzt als Mauerbegrünung gesehen.

'Lady Margret' nennt sich diese samtrot blühende Passionsblumen-Hybride mit besonders ästhetischem Farbverlauf.

Passiflora 'Winterland' trägt strahlend weiße Blüten, die von einem dunklen Mal im Zentrum betont werden. Sie ist eine noch relativ neue Züchtung und blüht schon als junge Pflanze reich. Zu den bekanntesten Sorten gehört *Passiflora* 'Purple Haze'. Ihr Markenzeichen sind die auffällig gewellten Korona-Fäden und das große pinkfarbene Zentrum der Blüten, das ihr den Namen gab. *Passiflora* 'Anastasia' besticht durch eine für Passionsblumen sehr ungewöhnliche Farbkombination. Sie trägt rosafarbene Blütenblätter zu scharlachroten Koronafäden, ein Erbe von *Passiflora gritensis*, die einen ihrer Elternteile ausmacht. *P.* 'Anastasia' kann kurzzeitig sogar leichte Fröste überstehen, wenn man einmal vergisst, sie im Herbst beizeiten ins Haus zu holen.

Rote und orangefarbene Passionsblumen

Besonders begehrt sind leuchtend rot blühende Passionsblumen wie *Passiflora coccinea* und *Passiflora vitifolia*. Leider gehören diese aber zu den schwierigen Arten, die zur Überwinterung ein Gewächshaus oder einen Wintergarten verlangen. Einfacher sind dagegen die Hybriden, die mithilfe der beiden Arten gezüchtet wurden. Diese sind zwar nicht ganz so strahlend rot, blühen aber auch als Kübelpflanzen zuverlässig, 'Lady Margret' beispielsweise, deren perfekte Blüten von einem samtigen Rot sind. Sie entstand durch eine Kreuzung von *Passiflora coccinea* mit *Passiflora incarnata*. Noch seltener sind orangefarbene Passionsblumen wie die ausgesprochen reich blühende Sorte 'Sunburst'. Ihre kleinen Blüten halten oft mehrere Tage und verströmen einen etwas unangenehmen Geruch, der dieser Passionsblume unter Sammlern den Spitznamen 'Stinkie' eingebracht hat.

Passionsblumen als Zimmerpflanzen

Wer weder einen Garten, Wintergarten noch Balkon hat, dem bleibt nur die ganzjährige Kultur im Zimmer übrig. Die meisten Passionsblumen eignen sich dafür jedoch nicht, mit Ausnahme einiger Wildarten. *Passiflora sanguinulenta* und *Passiflora capsularis* beispielsweise blühen auch in einem kleinen Topf auf der Fensterbank willig.

Bei Ersterer sind die Blüten rötlich mit weißen Fäden, bei Letzterer sind sie ganz cremeweiß und duften herrlich nach Vanille. Beide lassen sich einfach aus Samen ziehen und können schon ein halbes Jahr nach der Aussaat blühen. Meine *Passiflora capsularis* hat vor zwei Jahren genau zu Weihnachten überreich geblüht und das ganze Wohnzimmer in einen angenehmen Vanilleduft gehüllt.

Was Passionsblumen brauchen

Die Pflegeansprüche variieren bei Passionsblumen von Art zu Art. Für die gängigen Sorten lassen sich aber dennoch einige Faustregeln aufstellen, mit denen man ganz gut über die Runden kommen sollte.

Passionsblumen sind wüchsige Kletterpflanzen. Das bedeutet, sie brauchen einen geräumigen Topf und eine ausreichend große Rankhilfe. Die so beliebten kleinen Drahtbögen sind für ihre dauerhafte Kultur eher ungeeignet, weil sich die Pflanze darin nach und nach selbst stranguliert.

Das ideale Substrat für viele Passionsblumen ist herkömmliche Einheitsblumenerde mit einem schwach sauren pH-Wert. Im Sommer, während der Wachstumsperiode, wollen sie, wie auch Balkonblumen, regelmäßig gedüngt werden, um reich zu blühen.

Passionsblumen überwintert man am besten hell in gut gelüfteten und unbeheizten Räumen. Die ideale Raumtemperatur beträgt circa 10 °C. Gedüngt wird während der Überwinterung nicht und auch gegossen wird nur in Maßen.

Von Anfang Mai bis zum ersten Frost im Herbst können Passionsblumen draußen im Freien stehen. Am besten gewöhnt man sie anfangs schonend an die Sonne, weil junge Triebe leicht einen Sonnenbrand bekommen können. Sowohl vollsonnige als auch halbschattige Standorte werden zumeist gut vertragen.

Ein sanfter bis starker Rückschnitt kann besonders vor und nach der Überwinterung sinnvoll sein, wenn die Pflanzen zu groß geworden sind, sich besser verzweigen sollen oder schwache Wintertriebe ausgebildet haben. Aus dem Schnittmaterial können Stecklinge für die Vermehrung gewonnen werden.

Bei warmer Überwinterung in beheizten Räumen ist es wichtig, Passionsblumen regelmäßig mit Wasser zu besprühen. Hohe Luftfeuchtigkeit beugt nämlich den gefürchteten Spinnmilben vor.

`Abraham Darby´ zählt zu den besten Züchtungen des englischen Rosenzüchters David Austin. Ihre lachsrosa Blüten verströmen einen herausragend guten Duft.

Rosen – Majestäten und Mimosen

„Diese Rose taugt nichts, diese Rose taugt nichts und diese Rose taugt auch nichts!" Wenn meine Mutter und ich auf der Suche nach neuen Rosen für unseren Garten sind, kann es schon mal passieren, dass bei der Besichtigung solche Sätze fallen. Wir haben aus langer und leidvoller Erfahrung gelernt, bei der Sorten- und Pflanzenauswahl ganz besonders kritisch zu sein.

Als wir vor einigen Jahren den neuen Garten anlegten, pflanzte jeder von uns gleich im ersten Jahr mehrere Rosen in seinen Bereich. Damals war unser Kriterium für Pflanzen oder Nichtpflanzen, ob uns der Name sympathisch war oder ob uns die Blütenfarben gefielen. Ein fataler Fehler, wie sich herausstellen sollte! `Schneewittchen´, `Lichtkönigin Lucia´, `Fisherman´s Friend´, `Sebastian Kneipp´ und `Golden Showers´ sind zwar vielversprechende Namen für eine Rose, doch die Pflanzen, die sich dahinter verbergen, scheinen das Klima im Tiroler Unterland nicht zu mögen. Sie erkrankten sämtlich an allen erdenklichen Rosenkrankheiten, von Sternrußtau über Rosenrost bis hin zum Mehltau. Nur ein kleiner Teil der Sorten wuchs wirklich schön und gesund. Hierzu gehörte die rotorangefarbig blühende Strauchrose `Westerland´ zum Beispiel. Sie stand in unmittelbarer Nähe von `Fisherman´s Friend´ und `Sebastian Kneipp´, die beide über und über mit Pilzsporen bedeckt waren, ohne auch nur den Hauch einer Erkrankung zu zeigen. Unaufhaltsam entfaltete sie eine duftige, rotorangefarbene Blüte nach der anderen – bis weit in den November hinein. Angesichts solcher Unterschiede waren wir uns schon bald einig: Alles, was nichts taugte, musste wieder raus aus dem Garten! Als wir mit dem „Ausmisten" fertig waren, blieben gerade mal eine Handvoll Sorten übrig. Dennoch tat dies unserer Liebe zu den Rosen und auch der Sammelleidenschaft keinen Abbruch. Wir waren fortan nur eben sehr viel vorsichtiger beim Kauf neuer Rosen und informierten uns vorab in Büchern, Gartenzeitschriften und im Internet über die Gesundheit und Robustheit einzelner Sorten.

Sehr hilfreich bei der Auswahl ist das ADR-Prädikat, das die Allgemeine Deutsche Rosenprüfung nur den besten und widerstandsfähigsten Rosen verleiht. Dieses ist meist auf dem Etikett vermerkt. Mit einem Blick über die Gartenzäune der Nachbarschaft ist man auf der Suche nach robusten Rosensorten auch immer gut beraten. Das örtliche Kleinklima entscheidet nämlich mit, ob es einer Sorte im Garten gefällt oder nicht. Was in Nordtirol kränkelt, kann sich schon in Südtirol zu einem wahren Rosentraum entwickeln.

Was Rosen wirklich wollen oder wollen sollen

Heute gedeihen in unserem Garten wieder viele unterschiedliche Rosen. Sie stehen alle in gebührendem Abstand zueinander, mit vielen Stauden und Blumen dazwischen. Das sieht nicht nur schön aus, sondern hat auch den Sinn, dass Krankheiten sich in solchen „Mischkulturen" nicht so leicht von Rose zu Rose weiterverbreiten können.

Die Auswahl des richtigen Standorts ist sehr wichtig für dauerhaft gesunde Rosen. Das heißt: viel Sonne, tiefgründiger Boden und eine gute Versorgung mit Nährstoffen. Als Bauern haben wir das Glück, uns um die Qualität der Erde keine Sorge machen zu müssen. Gut verrotteter Mist ist nämlich ideal für Rosen. Jedes Jahr im Herbst betten wir unter all unseren Rosen eine frische Portion Misterde, die sich dann den Winter über zersetzt und ihnen im nächsten Frühjahr einen guten Start sichert. In pure Misterde darf man Rosen allerdings nicht pflanzen, weil diese zu viel Stickstoff enthält. Zu viel Stickstoff ist für Rosen deshalb schlecht, weil sie dann ein sogenanntes Mastwachstum entwickeln und viel zu schnell in die Höhe schießen. Das hat zur Folge, dass sie lange weiche Triebe bilden, die nur schlecht verholzen und dadurch leichter von Läusen und Schädlingen befallen werden. Auch erfrieren solche Triebe im Winter schneller. Das muss unbedingt auch bei der Düngung beachtet werden. Glücklicherweise gibt es im Fachmarkt eine unüberschaubare Vielfalt an Düngemitteln, die speziell für Rosen entwickelt wurden. Ich bevorzuge darunter die organischen Dünger, wie zum Beispiel Hornspäne. Hornspäne enthalten sehr viel Phosphor und Spurenelemente. Weil sie langsam verrotten, wirken sie über einen sehr langen Zeitraum hinweg und sorgen bei den Rosen für kräftige Farben und gesunde Knospenbildung.

Die Englische Rose 'Graham Thomas'.

Eine duftende Kletterose – 'Compassion'.

Rosen schneiden ist kein Hexenwerk

Rosen schneiden ist viel einfacher, als man denkt. Es reichen einige Grundregeln, die für die Pflege der meisten Sorten völlig ausreichend sind.

Im Frühling schneidet man alles heraus, was den Winter über erfroren und abgestorben ist. Nach einer alten Gärtnerregel ist der richtige Zeitpunkt gekommen, wenn die Forsythien blühen. Auch Blätter vom Vorjahr sollten aus Gründen der Hygiene entfernt werden. Der Rest der Rose wird, falls notwendig, wieder auf eine ausgeglichene Form geschnitten. Ziel ist eine lockere, gleichmäßige Wuchsform. Triebe dürfen sich nicht gegenseitig behindern und im Busch muss die Luft frei zirkulieren können.

Im Sommer ist vor allem regelmäßig Verblühtes auszuschneiden. Eine Ausnahme sind Rosensorten, die nur einmal blühen und im Herbst mit hübschen Hagebutten aufwarten sollen.

Im Herbst schließlich werden lange Wassertriebe eingekürzt oder gänzlich entfernt, um einen buschigeren Wuchs der Rose zu fördern. Auch alte vergreiste Triebe kann man zu dieser Jahreszeit gut mit einer Handsäge abschneiden, um die Rose zu verjüngen. Ebenso müssen kranke Triebe und Blätter sorgfältig ausgeschnitten und entsorgt werden, damit Krankheitserreger nicht direkt an der Rose überwintern können. Herbstliche Blüten, die bei manchen Sorten noch bis in den Dezember hinein erscheinen können, lässt man an der Pflanze, sofern sie nicht stören. Sie werden dann einfach im Frühling ausgeschnitten.

Besonders bei Edelrosen wird oft großes Aufhebens um den richtigen Schnitt gemacht. Da ist oft von einem radikalen Rückschnitt im Herbst und vom Abzählen der Augen die Rede. Dabei würden sich viele Sorten, wie beispielsweise auch die weltberühmte 'Gloria Dei', mit den Jahren zu buschigen Sträuchern entwickeln, wenn man sie nur wachsen ließe. Jede

'Silver Queen', eine cremeweiße Sorte der Goldakelei, stellt sich hier als charmante Begleitung für die kupferrote Strauchrose 'Westerland' zur Verfügung.

einzelne Rosensorte hat ihre speziellen Eigenheiten. Es ist darum oft besser sie nach gärtnerischem Bauchgefühl zu schneiden als stur danach zu gehen, welcher Klasse oder Schnittgruppe die jeweilige Sorte angehört.

Englische Rosen

Der bekannte englische Rosenzüchter David Austin hat alte Rosensorten mit modernen Rosensorten gekreuzt. Herausgekommen sind dabei robuste Strauchrosen, die den Duft und die dicht gefüllte Blütenform der alten Rosen mit der Farbenvielfalt der modernen Rosen vereinen.

Diese sogenannten „Englischen Rosen" sind im Vergleich zu Edelrosen geradezu kinderleicht in der Pflege und erfreuen sich deshalb rasch wachsender Beliebtheit. Kein Wunder also, dass auch die Lieblingsrosen meiner Mutter zu dieser Gruppe gehören. Besonders gern hat sie 'Graham Thomas', deren hellgelbe Blüten einen fruchtigen Duft tragen. Sie hat deshalb gleich zwei Stück gepflanzt. Mittlerweile sind sie zu ansehnlichen Sträuchern herangewachsen. Ich glaube, man kann getrost sagen, dass 'Graham Thomas' eine hervorragende Sorte für Anfänger abgibt.

Ebenfalls sehr gut machen sich 'Summer Song' und 'Pat Austin'. Erstere hat eine spektakuläre Farbe, die ich als Rotorange mit einem Stich ins Terrakotta bezeichnen würde, Letztere hüllt sich in ein exquisites Bernsteingold. Auch in meinem Gartenbereich ist eine Englische Rose heimisch geworden. Sie heißt 'Abraham Darby' und trägt apricotrosafarbene Blüten. Diese sind zwar nicht besonders groß, stehen dafür aber in dichten Rispen und hüllen sich in den noblen Duft längst vergessener Rosen aus alten Zeiten.

Der Stock ist mittlerweile zwei Meter hoch und beinahe ebenso breit. Im letzten Sommer hat es bei uns sehr viel geregnet. 'Abraham Darby' war eine der wenigen Rosen, die auch in solch „schlechten Zeiten" kein einziges krankes Blatt aufwies.

Himmelsstürmer

Es ist oft gar nicht so einfach zu sagen, was eine Kletterrose ist und was eine Strauchrose. Viele bekannte Strauchrosen lassen sich nämlich durchaus auch kletternd ziehen und erreichen dann eine Höhe von zweieinhalb bis drei Meter. Wir haben das mit der schon erwähnten Sorte 'Westerland', einem Klassiker unter den Strauchrosen, ausprobiert. Willig lässt sie sich am Rosenbogen emporleiten. Niemand käme auf die Idee, dass dies eigentlich nicht ihre Bestimmung ist.

Unter den „richtigen" Kletterrosen scheint es derzeit zwei Sorten zu geben, an denen niemand vorbeikommt: die zartrosa blühende 'New Dawn' und die tiefrote 'Santana'. Wir haben von beiden jeweils zwei Exemplare rund ums Haus verteilt gepflanzt, sodass die einzelnen Pflanzen recht unterschiedlichen Lichtbedingungen ausgesetzt sind. Besonders an 'Santana' finde ich es erstaunlich, dass sie an der Nordwestseite ebenso gut gedeiht wie an der Südostseite. 'New Dawn' ist da schon etwas anspruchsvoller, aber an einem sonnigen Platz dafür gesünder als Santana. Beide Exemplare der 'New Dawn' wuchsen anfangs eher schwach und fingen nach zwei Jahren dann aber regelrecht zu wuchern an.

Eine andere empfehlenswerte Kletterrose, die nur selten krank wird, ist 'Compassion'. Sie rankt an dem frei stehenden Rosenbogen, der in unseren Gemüsegarten hineinführt, und scheint keinerlei Probleme mit diesem exponierten Standort zu haben. Ihre lachsrosafarbenen Blüten verströmen einen derart betörenden Duft, dass man nicht darum herumkann, jedes Mal zum „Schnuppern" stehen zu bleiben, wenn man in den Gemüsegarten betreten möchte.

Nelkenrosen und andere Kuriositäten

Auch unter so allgegenwärtigen Pflanzen wie den Rosen gibt es ein paar Sorten, die aus der Reihe tanzen und nicht ganz alltäglich sind. Vor einigen Jahren fand ich im hintersten Eck einer kleinen Baumschule, total verwildert, eine solche Rose. Sie war völlig ausgehungert und hatte nur einen einzigen Trieb, der extrem dicht bestachelt war. Die merkwürdigen Blüten am Ende des hässlichen Triebes fielen mir jedoch sofort ins Auge. Sie waren Rosa, standen in dichten Dolden und waren zerfranst wie bei einer Nelke. Noch nie zuvor hatte ich solche Blüten bei einer Rose gesehen. Natürlich musste ich sie haben und bekam sie dann auch spottbillig wegen ihres schlechten Zustandes. Zu Hause fand ich heraus, dass ich es mit einer 'Pink Grootendorst' zu tun hatte und

Rosa x *chinensis* 'Virdiflora' ist eine kuriose Rose, deren Blüten nur aus grünen Kelchblättern bestehen, hier in Begleitung von Glockenlume und Eisenhut.

dass man die Gruppe, zu der sie gehört, „Nelkenrosen" nennt. Die dichte Bestachelung dieser Rosen rührt von ihren Vorfahren, *Rosa rugosa*, der Kartoffelrose.

Ich gab meiner Nelkenrose einen nicht ganz idealen, halbschattigen Platz in einem meiner Beete. Doch das schien ihr nichts auszumachen. Im ersten Jahr war sie damit beschäftigt, erst einmal Fuß zu fassen; aber im Folgejahr bildete sie mehrere kräftige Triebe. Als diese erblühten, sollte sie mich zum zweiten Mal in Staunen versetzen. Sie trugen nicht nur pinkfarbene Blüten, sondern auch weiße, manchmal sogar auf derselben Dolde. So etwas ist sehr selten und kommt durch spontane Mutationen zustande, bisweilen entstehen auf diese Weise sogar neue Sorten. Heute ist meine zweifarbige Nelken-rose ein schöner buschiger Strauch geworden und hat schon viele Spaziergänger dazu gebracht, kurz stehen zu bleiben, um sie zu bestaunen.

Etwas bekannter ist *Rosa x chinensis* 'Virdiflora'. Diese Rose besitzt für Rosen völlig untypische Blüten, die nur aus den grünen Kelchblättern bestehen, jedoch dicht gefüllt sind. Sie besitzt durch die unscheinbare Farbe zwar keine Fernwirkung, aber aus der Nähe betrachtet ist sie ein Kleinod. Nicht ganz einfach ist es, sie zu kombinieren. Ich habe es mit blauem Eisenhut und weißen Knäuelglockenblumen versucht, weil ich denke, dass diese Farben am wenigsten von ihr ablenken.

Der Traum von der blauen Rose – Zukunftsmusik?

Wer glaubt, Rosen zu kennen, wird immer wieder aufs Neue überrascht sein. Ich bin sehr gespannt, was uns diese vielfältige Pflanzengattung in den nächsten Jahren noch so alles bringen wird. Bedauerlicherweise hört man immer öfter davon, dass durch Genmanipulation neue Rosen mit neuen Eigenschaften „gezüchtet" werden. So soll zum Beispiel mithilfe eines Veilchen-Gens die Zucht einer nahezu blauen Rose gelungen sein. Etwas traurig blicke ich angesichts solcher Meldungen auf meine lila blühende 'Rhapsody in Blue', die bisher als blaueste Rose der Welt galt, und hoffe, dass sich so etwas nicht durchsetzen wird. Was hat Genmanipulation denn noch mit Gärtnern zu tun? Richtige Rosen müssen mit Liebe gezüchtet worden sein, so wie die von 'David Austin'. Wer braucht schon blaue Rosen aus dem Reagenzglas!

Pfingstrosen
-Mutters Lieblinge

Paeonia 'Red Charme', eine preisgekrönte Kreuzung der Bauernpfingstrose mit der Edelpfingstrose, kombiniert mit Trollblumen.

Zu wohlgefällig scheint der Duft, zu groß die Blüte, zu perfekt das Farbspiel und zu majestätisch die Gestalt, als dass man es mit einer unkomplizierten Gartenpflanze zu tun haben könnte. So oder so ähnlich werden viele Leute denken, wenn sie zum ersten Mal eine blühende asiatische Strauchpfingstrose vor sich haben. Auch die zahlreichen Sorten der Edelpfingstrose *(Paeonia lactiflora)* und der Bauernpfingstrose *(Paeonia officinalis)* strahlen diese Noblesse aus. Doch schon die Großmütter unserer Großmütter haben gewusst, dass Pfingstrosen zu den dankbarsten und bescheidensten Gartenblumen gehören, die man sich nur wünschen kann.

Bei uns ist es besonders meine Mutter, die sich mit den Jahren zu einer leidenschaftlichen Pfingstrosensammlerin entwickelt hat. In einem großen Teil ihres Gartenbereiches sind Pfingstrosen die eindeutigen Leitpflanzen. Inzwischen sind es über dreißig Sorten, die sich zum Teil erheblich voneinander unterscheiden. Ganz ohne mein Zutun ging das jedoch nicht vonstatten. Seit einigen Jahren gibt es bei uns nämlich die Tradition, dass ich ihr jedes Jahr zum Muttertag mindestens eine neue Pfingstrosensorte schenke. Ich habe dadurch gewissermaßen einen Einfluss darauf, welche Sorten sie kultiviert, und irgendwie ist es darum auch ein kleines bisschen meine Sammlung.

Wenn man meine Mutter fragt, warum sie gerade Pfingstrosen so gerne mag, erzählt sie davon, dass diese Blumen sie schon ihr ganzes Leben lang begleitet haben. In ihrer Kindheit war es meist die rote gefüllte Bauernpfingstrose *(Paeonia officinalis* 'Rubra Plena'*)*, die im Mai überall in den Gärten für Prunk und guten Duft sorgte. Sie gehört deshalb auch heute noch zu ihren besonderen Lieblingen. Richtig angetan hat es ihr aber die Gruppe der verholzenden Strauchpfingstrosen aus Asien. Strauchpfingstrosen haben riesengroße Blüten, die sich nicht nur in die üblichen Pfingstrosenfarben kleiden, sondern auch in Schwarzviolett, Gelb und Orange daherkommen. Häufig sind sie nur halb gefüllt, und man kann so in das malerische Blütenzentrum mit den zierenden Staubfäden und den dunklen Saftmalen blicken.

Strauchpfingstrosen pflegen

Weil Strauchpfingstrosen im Unterschied zu den Staudenpfingstrosen Sträucher sind, die nicht wie diese im Herbst oberirdisch absterben, gibt es einige Besonderheiten, die man in ihrer Pflege besonders berücksichtigen muss. Zurückschneiden darf man Strauchpfingstrosen im Herbst nicht, denn dann schneidet man alle Blütenknospen weg, die bereits an den Zweigenden für den Frühling angelegt sind. Wenn überhaupt, dann sollte man bei dieser Gruppe nur Verblühtes und Abgestorbenes ausschneiden. Auch muss man die Pflanzen im Winter vor Schneebruch schützen, indem man sie vorsichtig zusammenbindet und stützt oder ihnen ein kleines Dach aus Brettern baut. Zu berücksichtigen ist auch, dass Strauchpfingstrosen meistens als Edelreiser auf eine Staudenpfingstrosen-Unterlage aufgepropft sind, die sozusagen als Amme dient. Pflanzt man sie nicht tief genug ein, so können nur die „Ammenreiser" viele Wurzeln bilden und treiben kräftig aus, während die Edelreiser kümmern, da sie keinen Kontakt zur Erde hat. Genau umgekehrt ist es bei den Edelpfingstrosen, die oft nicht richtig blühen wollen, wenn man sie zu tief pflanzt. Im Zweifelsfall sollte man sich gleich vorab beim Kauf über die richtige Pflanzung der jeweiligen Sorte informieren.

Schwer neigen sich die dicht gefüllten Blütenköpfe der Edelpfingstrose 'Laura Dessert' über die farbenfrohe Pracht der Bartnelken.

Die besten Sorten

Aus der großen Gruppe der staudig wachsenden Pfingstrosen empfiehlt meine Mutter besonders die beiden Edelpfingstrosen 'Sarah Bernhardt' und 'Shirley Temple'. Beide sind schon etwas ältere Sorten, die bis ca. 90 cm hoch werden und sich mit ihrem kräftigen Wuchs bewährt haben. Ihre dicht gefüllten, rosaroten Blüten ähneln sich, verblassen jedoch bei 'Sarah Bernhardt' sanft nach innen. Ich habe insofern auch viel mit diesen beiden Sorten zu tun, da sie zu den häufigsten in der Floristik verwendeten Schnittpfingstrosen gehören. Sie halten sich, knospig geschnitten, etwa eine Woche in der Vase, wenn regelmäßig das Wasser gewechselt wird und man die Stiele dabei immer neu anschneidet.

In meinen Beeten wachsen nur einige ausgewählte Pfingstrosen. Wie so oft sind es auch hier wieder die Wildformen, die mir besonders gefallen. Zum einen, weil sie nicht wie die Gartensorten mit ihren schweren Blüten gestützt werden müssen, zum anderen weil sie seltener sind. Am charmantesten finde ich die Tillblättrige Pfingstrose *(Paeonia tenuifolia)* aus Osteuropa, deren Blätter, wie der Name es schon verrät, in viele feingliedrige Segmente zerteilt sind. Sie krönt dieses hübsche Blattwerk mit tiefroten, becherförmigen Blüten, in deren Zentrum gelbe Staubfäden leuchten. Trotz ihres vornehmen Aussehens beweist auch sie wieder, dass Pfingstrosen keine „Diven" sind: Sie gedeiht bei mir sogar im kargen Natursteingarten wunderbar.

Glockenblumen – Kindheitserinnerungen

Campanula rotundifolia, die rundblättrige Glockenblume, gehört zur typischen Flora der heimische Trockenwiesen und fühlt sich im Garten wohl.

Wiesen-, Acker-, Zwerg-, Knäuel- und Marienglockenblumen sind mir seit frühester Kindheit vertraut. Allein deshalb haben diese anmutigen Gewächse einen Platz unter meinen Lieblingspflanzen verdient. Sie bestärken mich in meiner hohen Meinung von ihnen, aber auch deswegen, weil sie ganz einfach dankbare Gartenpflanzen sind, die jedoch keineswegs als altmodisch angesehen werden sollten. Abseits der üblichen Gartenformen gibt es in dieser Gattung nämlich viele kaum bekannte Kostbarkeiten, die eine lohnende Herausforderung für den Gärtner darstellen. Viele davon sind bei uns nur als Saatgut erhältlich, lassen sich aber unkompliziert heranziehen, und man erhält dann auch für wenig Geld gleich mehrere Pflanzen. Sät man sie im Frühling aus, wachsen sie in ihrer ersten Saison meist schon so kräftig, dass man im Folgejahr mit ersten Blüten rechnen kann. Ähnlich wie bei den Akeleien teilt man auch die Glockenblumen in niedrige Arten für den Steingarten und hohe Arten für die Staudenbeete ein. Unter den Steingartenarten sind mir die verschiedenen Sorten der heimischen Zwergglockenblume *(Campanula cochleariifolia)* die liebsten: 'Elizabeth Oliver' trägt gefüllte blasslavendelblaue Blüten, 'Miss Willmott' ist ungefüllt und von ganz zartem Violett. 'Alba' schließlich erstrahlt in reinstem Weiß. Sie alle wachsen teppichartig und bilden mit den Jahren flache Polster. Da sich besonders die ungefüllten Sorten auch

Campanula barbata, die Bartglockenblume, ist eine hübsche, aber kurzlebige Glockenblume für den Steingarten, die kalkhältige Böden liebt.

selbst aussäen, habe ich diese Glockenblumen vorrangig in der Steinmauer angesiedelt, wo sie gern verwildern dürfen.
Eine andere hübsche Art für den Steingarten ist die aparte, aber eher kurzlebige Bartglockenblume *(Campanula barbata)*. Der Name weist schon darauf hin: *Campanula barbata* trägt Kronblätter, die mit auffälligen Haaren gesäumt sind – in den Hochgebirgen ein wirksamer Kälteschutz. Interessanterweise scheint sich bei mir besonders die weiße Variante dieser Glockenblume wohlzufühlen, denn bisher hat nur sie sich ausgesät und so für ihren Fortbestand im Garten gesorgt.

Campanula alliariifolia aus der Türkei trägt reinweiße Blüten, die wie bei der Bartglockenblume innen lockig behaart sind.

Höhenrekord

Auch andere Glockenblumen-Arten tragen behaarte Blüten. Unter den hohen Arten fällt dies besonders bei der malerischen *Campanula alliariifolia* aus der Türkei auf. Sie bildet schlanke Blütenkerzen, die bei einer meiner Pflanzen sogar über 150 Zentimeter lang werden. Die zahlreichen weißen Blüten schweben daran bis in den Frühherbst hinein über den Beeten und sorgen für eine unbeschwerte Leichtigkeit. Trotz ihrer südlichen Herkunft kommt *Campanula aliariifolia* bei uns problemlos über den Winter und hat sich als sehr ausdauernd erwiesen, ohne zu wuchern. In ihrer Höhe übertroffen wird sie bei mir nur von der violetten *Campanula pyramidalis*: Die wahrlich stattliche Pyramidenglockenblume überragt mich um mehr als einen halben Meter und kann angeblich sogar die Dreimeter-grenze überschreiten. Sie braucht durchlässigen Boden und zugleich aber auch viele Nährstoffe. Ich habe ihren Platz im Beet deshalb vor der Pflanzung mit einem Gemisch aus Sand und gut verrottetem Kuhmist ausgestattet. Dafür wurde ich mit kräftigem Wachstum belohnt. Leider ist die Pyramidenglockenblume nur zweijährig und stirbt nach der Samenreife ab.

Blütenwunder

Absolut ausdauernd ist die noch immer vielen Gärtnern unbekannte asiatische Riesenglockenblume *(Campanula punctata)* samt ihren Sorten und Hybriden. Die Blüten der schattenverträglichen Wildform sind rosa und innen hübsch gepunktet, fast wie bei einem Fingerhut. Wenn es ihr gefällt, kann *Campanula punctata* sich stark ausbreiten und sogar ein bisschen lästig werden. 'Sarastro' ist eine ihrer schönsten Hybriden für den Garten und teilt die Neigung zum Wuchern glücklicherweise nicht mit ihr. Ungewöhnlich große, blauviolette Glocken werden von dieser Sorte in großer Zahl gebildet. Schneidet man verblühte Stängel aus, kann 'Sarastro' sogar bis weit in den Herbst hinein nachblühen.

Passende Glockenblumen gibt es für fast jeden Garten. Besonders wer Naturgärten und Wildblumen mag, muss diese Gattung einfach lieben!

Raritäten – verkannte Schönheiten

Mit den Raritäten unter den Pflanzen ist es so eine Sache. Bei vielen verstehe ich, warum sie kaum bekannt sind. Sie verlangen zu aufwendige Pflege, sind schwer zu überwintern und vielleicht auch noch von einer sonderbaren Schönheit, die nur eingefleischte Enthusiasten begeistern kann. Ich zähle mich selbst zu den enthusiastischen Pflanzensammlern und habe daher schon so manche Erfahrungen besonders mit Raritäten gemacht.

In diesem Kapitel möchte ich darum die andere Seite der Medaille zeigen und einige Besonderheiten vorstellen, bei denen ich nicht verstehe, dass sie so wenig bekannt sind. Sie sind nämlich ausgesprochen schön, einfach zu pflegen und haben oft sogar sehr beliebte Verwandte.

Bessera elegans, das auffällige Korallentröpfchen nach einem lauen Sommerregen.

Kriechende Fuchsien

Fuchsia procumbens aus Neuseeland ist der heimliche Clown unter der Vielfalt an Fuchsiensorten. Selten sieht man eine derart ausgefallene Farbgebung. Kleine gelbe Röhrenblüten mit korallenroten Staubgefäßen tragen leuchtend blaue Staubbeutel. Ihr flacher kriechender Wuchs ist ebenfalls eine Besonderheit innerhalb der Gattung der Fuchsien. Sie wird gerade einmal zehn Zentimeter hoch. Ich verwende sie daher gern als Unterpflanzung für größere Kübelpflanzen, mit denen zusammen sie auch problemlos überwintert werden kann.

Juwel im Verborgenen

Bessera elegans, das Korallentröpfchen, trägt die Eleganz nicht nur im Namen – es ist wirklich auffallend elegant! Das mexikanische Sprossknollengewächs bildet anmutige Dolden aus rubinroten, nickenden Blütensternen. Jede einzelne Blüte ist ein kleines Kunstwerk, das sich erst offenbart, wenn man sie anhebt. Dann sieht man die symmetrische weiße Zeichnung im Inneren. Die Mitte der Blüte ist zu einer kleinen Krone geformt, die mit den sechs Staubgefäßen verwachsen ist. *Bessera* wird fast einen Meter hoch und kann wie Gladiolen kultiviert werden. Gern verbringt sie die Sommerfrische bei mir ausgepflanzt im sonnigen Natursteingarten und blüht dort im Spätsommer. Im Herbst muss sie ausgegraben und im Haus überwintert werden.

Wehrhafte Schöne

Blumenbachia insignis aus Südamerika gehört zu den einjährigen Pflanzen. Der deutsche Name Brennwinde weist schon darauf hin, dass man diese Pflanze nicht ohne Handschuhe anfassen sollte, denn sie sticht. Von der Schönheit dieser Blume soll das jedoch nicht ablenken. Die weißen, sternförmigen Blüten tragen im Inneren hübsche rote Nektarschuppen als Akzent. Die Staubgefäße sind auf fünf Büschel aufgeteilt, die jeweils halb in ein Blütenblatt eingehüllt sind. Den ganzen Sommer über blüht diese schmucke Pflanze und kann im Frühling wie *Tagetes* aus Samen gezogen werden.

Kletternde Attraktionen

Aconitum episcopale, ein windender Eisenhut aus dem Himalaja, ist eines der ungewöhnlichsten Hahnenfußgewächse überhaupt. Obwohl kaum bekannt, ist er genauso willig und unkompliziert wie sein populärer Verwandter, der Herbsteisenhut *(Aconitum* x *arendsii)*. Wie eine Staude friert *A. episcopale* im Winter oberirdisch ab. Im zeitigen Frühling treibt er aus dem Wurzelstock wieder neu aus und kann bis zum Spätsommer Trieblängen von über drei Metern erreichen. Mein Exemplar rankt am Gartenzaun entlang, klettert aber gern auch an anderen Pflanzen in der Nähe empor. Den ganzen Herbst über bildet es zahlreiche blauviolette Blütentrauben, die so spät im Jahr willkommene Farbtupfer sind. Wer keinen Garten hat, kann den kletternden Eisenhut auch als Kübelpflanze ziehen und den knolligen Wurzelstock möglichst kühl, aber frostfrei in einer Garage oder einem Keller überwintern.

Eine andere Kletterpflanze, die in Europa Seltenheitswert genießt, ist der weiße Balsamapfel *(Echinopepon wrightii)*. Dabei handelt es sich um ein einjähriges Gurkengewächs, das im Sommer eine Unzahl kleiner weißer Blüten bildet, die angenehm duften. Aus den Blüten entwickeln sich nach der Bestäubung kleine stachelige Früchte, die sich gegen Ende der Saison oft gemeinsam mit den letzten Blüten an den Pflanzen befinden. *Echinopepon* wächst schnell aus Samen heran. Am besten zieht man den wüchsigen Kletterer ab etwa Ende Februar im Haus vor. Ab Mai dürfen die Pflanzen dann auf die Terrasse oder in den Garten, wo sie Zäune, Rankgerüste, Hecken und Sträucher für einen Sommer lang in einen weißen Blütenschleier hüllen. Düngt man regelmäßig mit Flüssigdünger nach, kann ein Balsamapfel innerhalb weniger Monate eine ansehnliche Größe erreichen und ist dann eine echte Attraktion.

Bei *Aconitum episcopale* handelt es sich um eine kletternde Art des Eisenhutes, die bei mir längst über den Gartenzaun hinaus wächst.

Die farbenfrohen Blüten der *Fuchsia procumbens* sind nur noch schwer zu übertreffen. Selbst der Blütenstaub präsentiert sich untypisch in Blau.

adressen

Sarastro Stauden
Ort 131
A-4974 Ort im Innkreis
Tel.: 0664 / 261 0 362
www.sarastro-stauden.com

→ Spezialgärtnerei für seltene Staudensorten und Wildblumen

Blumen Pucher GmbH
Karfreitagstrasse 15
A-9020 Klagenfurt
Tel.: 0463 / 56841

→ Sehr gut sortiertes Blumengeschäft, größte Auswahl an Schnittrosensorten in Österreich

Gärtnerei Mattuschka
Tessendorfer Str. 358
A-9061 Klagenfurt/Wölfnitz
Tel.: 0463 / 40148

→ Gärtnerei mit großem Bartiris- und Pfingstrosensortiment aus eigener Vermehrung

Staudengärtnerei Alpine Raritäten
Jürgen Peters
Auf dem Flidd 20
D-25436 Uetersen
Tel.: 04122 / 3312
www.alpine-peters.de

→ Staudengärtnerei mit großem Sortiment an Raritäten, Schwerpunkte sind Glockenblumen, Leberblümchen, Helleborus, Cyclamen, Primeln und Sempervivum

Blumen & Passiflora
Bettina Ulmer
Hevener Str. 18
D-58455 Witten
Tel.: 02302 / 26276
www.blumen-passiflora.de

→ Tolle Spezialgärtnerei für Passionsblumen mit Onlineversand

Syringa
Duftpflanzen und Kräuter
Bachstraße 7
D-78247 Hilzingen-Binningen
Tel.: 07739 / 14 52
www.syringa-pflanzen.de

→ Spezialgärtnerei für Duftpflanzen mit großem Schaugarten, auch Onlineversand

Staudengärtnerei Gräfin von Zeppelin
Weinstrasse 2
D-79295 Sulzburg-Laufen / Baden
Tel.: 07634 / 6 97 16
www.graefin-v-zeppelin.com

→ Berühmte Staudengärtnerei mit Schwerpunkt Pfingstrosen, Bartiris und Taglilien

Links und weitere Adressen

www.edelbrandbrennerei.at

→ Die Homepage zu unserem Hof und Garten, mit vielen weiteren Garten-Fotos und einem virtuellen Gartentagebuch, dass ich laufend aktualisiere.

www.touchwoodplants.co.uk

→ Tolle Internetseite um Samen von seltenen Akeleien zu bestellen, auch Akeleisamen aus meinem Garten werden hier angeboten

Alpengarten auf dem Schachen
im Wettersteinmassiv in Bayern
http://www.botmuc.de/alpen/alpen0.html

→ Toller Schaugarten auf über 1800 m Seehöhe mit seltenen Steingartenpflanzen und Alpenblumen aus aller Welt

Botanischer Garten München-Nymphenburg
Menzinger Straße 65
D-80638 München
Tel.: 089 / 17861-316
http://www.botmuc.de

→ Riesiger botanischer Garten mit vielen Gewächshäusern und zahlreichen Außenanlagen

Institut für Botanik
und Botanischer Garten Innsbruck
Sternwartestraße 15
A-6020 Innsbruck
Tel.: 0512 / 507-5927
http://botany.uibk.ac.at/

→ Schöner Botanischer Garten mit Schwerpunkt auf Steingartengewächsen und Alpenblumen aus aller Welt

literatur

Atkins, Rosie: Lieblingspflanzen, Callwey, München

→ Viele besondere Pflanzengattungen werden hier umfangreich vorgestellt, wie *Passiflora, Corydalis, Primula, Pulmonaria* usw.

Austin, David: Firefly: The English Roses: Classic Favorites and New Selections

→ Das ultimative Buch für alle Liebhaber englischer Rosen mit zahlreichen Neuheiten aber auch Altbewährtem.

Bechthold, Dieter: Seerosen, Dähne-Verlag, Ettlingen

→ Empfehlenswertes Buch über die Pflege von Seerosen.

Foerster, Karl: Der Steingarten der sieben Jahreszeiten, Ulmer, Stuttgart

→ Das Steingartenbuch für alle Steingartenfans schlechthin.

Frischmuth, Barbara: Fingerkraut und Feenhandschuh, Aufbau-Verlag, Berlin

→ Ein literarisches Gartentagebuch.

Marinelli, Janet: Pflanzen der Welt, Dorling Kindersley, London

→ Spannende Lektüre für Pflanzenfreunde, interessante Informationen.

Meile, Christine, Karl, Udo: Alte Rosen, alte Zeiten – Leben mit Rosen und ihrer Geschichte, Wißner-Verlag, Augsburg

→ Empfehlenwertes Buch über robuste alte Rosensorten für den Garten

Nold, Robert: Columbines: Aquilegia, Paraquilegia, and Semiaquilegia, Timberpress, London

→ Einziges aktuell erhältliches Fachbuch über die Akelei. Mit vielen Fotos und Zeichnungen, Infos über Arten und Sorten, Vermehrung und Kultivierung im Garten.

Pavord, Anna: Bulb, Octopus Publishing Group, London

→ Umfangreiches Buch über Zwiebel- und Knollenpflanzen

Pratt, Kevin: Gardener's Guide to Growing Fritillaries, Timber Press, London

→ Fachbuch über die Gattung *Fritillaria* mit vielen schönen Fotos und guten Infos

Rivière, Jean-Luc: Pfingstrosen, Ulmer, Stuttgart

→ Umfangreiches Fachbuch über die Pfingstrose mit Vermehrung, Kulturanleitung und umfangreichen Sortenportraits

Tebbitt, Mark C.: Bleeding Hearts, Corydalis, and Their Relatives, Timber Press, London

→ Fachbuch über die Gattungen *Corydalis* und *Dicentra*

Toogood, Alan: Pflanzenvermehrung – The Royal Horticultural Society, Dorling Kindersley, London

→ Umfangreiches und empfehlenswertes Buch über die Vermehrung von Pflanzen.

Ulmer, Torsten und Bettina: Passiflora: Passionflowers of the World, Timberpress, London

→ Umfangreiches Fachbuch über die Passionsblume mit zahlreichen Fotos.

Vignes, Pierre und Delia: Faszinierende Wildpflanzen, Delius Klasing, Bielefeld

→ Fotografisches Herbarium mit spannenden Infos.

Weber, Susanne: Iris: Die besten Arten und Sorten für den Garten, Ulmer, Stuttgart

→ Gutes Fachbuch über die Gattung *Iris* mit Schwerpunkt auf die Bartiris.

Wiley, Keith: Faszination Schattige Gärten: Pflanzenideen für halbschattige und schattige Gartenbereiche, Delius Klasing, Bielefeld

→ Umfangreiches Buch über Schatten im Garten.

register

Mit * gekennzeichnete Seitenzahlen beziehen sich auf Abbildungen.

Abutilon megapotamicum . . . 83*
Aconitum episcopale . . . 120, 121*
Aconitum vulparia . . . 76
Aconitum x *arendsii* . . . 65*, 120
ADR-Rose . . . 110
Akelei . . . 15, 36, 92, 93, 94, 95, 97
Akelei 'Fashion Statement' . . . 95, 95*
Akelei, amerikanische . . . 96
Akelei, Schwarzrote . . . 39*, 90
Akelei, 'Woodside Variegata' . . . 78
Alpenveilchen . . . 51
Ankara-Krokus . . . 53*
Aquilegia arata . . . 39*, 90
Aquilegia buergeriana . . . 48*, 98, 98*
Aquilegia caerulea . . . 96
Aquilegia canadensis . . . 96, 98
Aquilegia chaplinei . . . 60, 93*
Aquilegia chrysantha . . . 36
Aquilegia desertorum . . . 92*, 96
Aquilegia ecalcarata . . . 52, 57, 98
Aquilegia einseleana . . . 60, 96
Aquilegia formosa . . . 93, 96, 97*
Aquilegia fragrans . . . 97
Aquilegia jonesii . . . 96
Aquilegia longissima . . . 28*, 96
Aquilegia olympica . . . 97
Aquilegia rockii . . . 94*
Aquilegia saximontana . . . 96
Aquilegia shockleyi . . . 97*
Aquilegia viridiflora . . . 97
Aquilegia vulgaris . . . 15, 36, 78, 91, 93, 97, 98
Aquilegia vulgaris 'Nivea' . . . 35*
Artemisia vulgaris 'Oriental limelight' . . . 78
Arten, bedrohte . . . 45
Artenschutz . . . 45
Aurikel . . . 65
Austin, David . . . 112

Bachnelkenwurz . . . 72
Balkonblumen . . . 87
Balsamapfel . . . 121
Bartfaden . . . 52, 58*
Bartglockenblume . . . 118, 118*
Bartiris . . . 99, 100, 101
Bauernpfingstrose . . . 115
Beetgestaltung . . . 25
Beifuß . . . 78
Bergwaldrebe . . . 74
Bessera elegans . . . 119*, 120
Bestäubung . . . 36
Blattläuse . . . 39
Blaustern . . . 42*
Blumenbachia insignis . . . 120
Blüten, schwarze . . . 90
Boden . . . 49
Brennwinde . . . 120
Butomus umbellatus . . . 14

Calluna vulgaris . . . 82
Caltha palustris . . . 71*
Calystegia sepium . . . 40*
Campanula alliariifolia . . . 118, 118*
Campanula barbata . . . 118, 118*
Campanula cochleariifolia . . . 57, 61, 117
Campanula cochleariifolia 'Alba' . . . 8*, 56*
Campanula patula . . . 57
Campanula punctata . . . 119
Campanula pyramidalis . . . 118
Campanula rotundifolia . . . 117*
Centaurea 'Black Ball' . . . 90*
Centaurea cyanus . . . 92
Cephalophora aromatica . . . 17*
China-Wiesenraute . . . 16*
Clematis . . . 74
Clematis 'Pixie' . . . 56*, 57, 103*
Clematis montana rubens . . . 74, 75*
Cobea scandens . . . 62*
Colchicum . . . 53
Corydalis . . . 101, 102
Corydalis cava . . . 101, 102*
Corydalis flexuosa . . . 102, 102*
Corydalis nobilis . . . 102
Corydalis sempervirens . . . 102
Corydalis solida . . . 101
Cosmos atrosanguineus . . . 91
Crocosmia . . . 69
Crocosmia 'Star of the East' . . . 68*
Crocus ancyrensis . . . 53*
Crocus chrysanthus . . . 19*
Crocus speciosus . . . 53, 54
Cyclamen coum . . . 32*, 51, 51*
Cyclamen hederifolium . . . 75, 77*

Daboecia cantabrica . . . 81, 82*
Dactylis glomerate 'Variegata'
Delphinium elatum . . . 24*
Dicentra formosana . . . 76
Digitalis ferruginea . . . 52
Digitalis grandiflora . . . 52
Digitalis lutea . . . 52
Digitalis obscura . . . 52, 52*
Digitalis parviflora . . . 52, 54*

Digitalis purpurea ... 10*
Duftpelargonien ... 84

Echinacea ... 67, 68
Echinacea 'Arts Pride' ... 26*
Echinacea 'Sunrise' ... 26*
Echinacea purpurea ... 67, 67*
Echinopepon wrightii ... 121
Echinops ritro ... 67*
Edelpfingstrose ... 115
Edelpfingstrose 'Laura Dessert' ... 116*
Edelpfingstrose 'Sarah Bernhardt' ... 116, 117
Edelpfingstrose 'Shirley Temple' ... 116
Edelweiß ... 53
Eisenhut ... 120
Englische Rosen ... 112
Erdmischungen ... 49

Feldthymian ... 58*
Fingerhut ... 52
Fische ... 15
Florfliege ... 39
Fotografie ... 35
Fritillaria acmopetala
Fritillaria assyriaca ... 104, 104*
Fritillaria imperialis ... 104
Fritillaria meleagris ... 70*, 71, 103
Fritillaria michailovsky ... 103*, 104
Fritillaria persica ... 90*, 104
Fritillaria purdyi ... 104
Fritillaria verticillata ... 104
Fuchsia magellanica ... 84
Fuchsia procumbens ... 120, 121*
Fuchsien, kriechende ... 120
Futterluzerne ... 41*

Gartengestaltung ... 22, 31
Gartenphilosophie ... 28
Gartenteich ... 12
Gartentipps ... 30
Gaura lindheimeri ... 68*
Gelenkblume ... 78
Gemüse ... 43
Genmanipulation ... 114
Geranium phaeum ... 90, 94*
Geweihiris ... 51
Glockenblume ... 10, 49, 117
Glockenheide ... 81, 82
Glockenheide, Irische ... 82*
Glockenschönmalve ... 83*, 86
Goldakelei ... 36
Goldakelei 'Silver Queen' ... 112*
Goldfische ... 15
Goldkolben ... 77
Goldrandprimel ... 65, 91*
Gummibärchenblume ... 17*

Habichtskrau, Orangerotes ... 41*
Hahnefuß, Scharfer ... 71
Hahnenfuß ... 10*, 91
Hauswurz ... 59, 62
Heidekraut ... 82
Helleborus ... 74
Helleborus orientalis ... 75
Hepatica ... 74
Herbstalpenveilchen ... 75
Herbsteisenhut ... 65*, 83
Herbstzeitlose ... 53
Herbstzeitlose 'Waterlily' ... 57*
Hohler Lerchensporn ... 102*
Hosta ... 76
Hosta venusta ... 60*, 61
Hummel ... 41, 36
Hungerblümchen ... 61

Insekten ... 33
Iris ... 51, 70, 71, 79
Iris barbata ... 99
Iris barbata 'Brown Lasso' ... 100*
Iris barbata 'Call Waiting' ... 99*
Iris barbata 'Echo De Franko' ... 99*
Iris bucharica ... 51
Iris danfordiae ... 51
Iris histroides ... 51
Iris pallida 'Variegata' ... 79
Iris pseudoacous 'Variegata' ... 79
Iris sibirica ... 14, 71

Jakobsleiter ... 78
Junikäfer ... 38

Kartoffelrose ... 114
Kaukasische Skabiose ... 54
Kerria japonica 'Picta' ... 79
Kissenprimel 'Miss Indigo' ... 73*
Kletterrose ... 74, 113
Knaulgras ... 78
Kohlmeise ... 55
Kohlröschen ... 90
Königslerchensporn ... 102
Korallentröpfchen ... 119*, 120
Kornblume 'Black Ball' ... 92
Krokus ... 53
Krokus 'Blue Pearl' ... 19*
Krokus 'Ruby Giant' ... 19*
Krötenlilie ... 75, 76*
Küchenschelle ... 51, 56
Kugeldistel ... 67*

Lantana camara 35*, 86*
Laufente 37, 38
Lavendelheide 82
Leberblümchen 74
Leberblümchen 'Rubra Plena' 75
Leitpflanzen 24
Lerchensporn 101
Lichtnelke 43
Ligularia prezwalzki 77
Lungenkraut 'David Ward' 79
Lysimachia punctata 'Alexander' 79*
Marienglockenblume 11
Meconopsis betonicifolia 66
Meconopsis cambrica 76
Montbretie 69
Moorbeet 80, 81

Nachtkerze 78
Narzisse 32
Netziris 51
Nigritella nigra 90
Nymphoides peltata 14

Oenothera fruticosa 78
Ohrwurm 39

Paeonia 'Red Charme' 115*
Paeonia lactiflora 115
Paeonia officinalis 115
Paeonia officinalis 'Rubra Plena' 115
Paeonia tenuifolia 117
Panaschierte Pflanzen 78, 79
Papaver somniferum 92
Passiflora 105, 106
Passiflora 'Anastasia' 105*, 107
Passiflora 'Lady Margret' 106*
Passiflora 'Purple Haze' 107
Passiflora 'Sandra' 39*
Passiflora 'Sunburst' 107
Passiflora 'Winterland' 107
Passiflora caerulea 106, 107
Passiflora caerulea 'Constance Elliott' 106*
Passiflora capsularis 85*, 108
Passiflora coccinea 107
Passiflora incarnata 107
Passiflora sanguinulenta 108
Passiflora tulae 85
Passiflora vitifolia 107
Passiflora x *violacea* 105, 106*
Passionsblume 39, 85, 86, 105
Passionsblume, Pflege 108
Pelargonium fulgidum 61*
Penstemon hirsutus 52, 57
Persische Schachbrettblume 90*
Pfefferpelargonie 'Concolor Lace' 85
Pfingstrose 115
Pfingstrose, Wildarten 69
Pflanzenkauf 50
Phlox paniculata 78
Physostegia virginiata 'Variegata' 78
Phyteuma nigra 90
Pieris japonica 82
Polemonium caeruleum 'Stairway to Heaven' . . 78
Polsternelke 58*
Polsterphlox 50
Prachtkrokus 53
Präriebeet 67, 68. 69
Präriezapfenblume 17*
Primel 64*, 91
Primula auricula 65
Primula elatior 64
Primula veris 91
Primula vulgaris 64
Primula x *veris* 'Gold Lace' 91*
Primula x *vulgaris* 'Gold Lace' 65
Pulmonaria rubra 79
Pulmonaria rubra 'David Ward' 80*
Pulsatilla 51
Pulsatilla albana lutea 50*, 51
Pulsatilla vulgaris 51
Pyramidenglockenblume 118

Ranunculus acris 'Flore Pleno' 10*, 91
Ratibida columnifera 17*
Rehe 34
Rhododendren 81
Rhododendron vernicosum 82*
Riesenglockenblume 119
Ringelnatter 11
Rosa rugosa 114
Rosa x *chinensis* 'Virdiflora' 114, 114*
Rose 38, 109
Rose 'Abraham Darby' 8*, 111*, 112, 113
Rose 'Compassion' 111*, 113
Rose 'Graham Thomas' 111*, 112
Rose 'Heidetraum' 54
Rose 'Michka' 24*
Rose 'New Dawn' 113
Rose 'Pat Austin' 112
Rose 'Pink Grootendorst' 113
Rose 'Rhapsody in Blue' 114
Rose 'Santana' 113
Rose 'Summer Song' 112
Rose 'Westerland' 23*, 109, 112*
Rosen schneiden 111
Rosenpflege 110
Rostgarten 56
Rote Lichtnelke 44*

Roter Sonnenhut 67*
Roter Fingerhut 10*

Salbei 69
Salix gracilustyla 90
Salvia officinalis 69
Salvia pratensis 69
Scabiosa caucasica 54
Schachbrettblume 70*, 71, 103, 104
Schatten 76, 77
Schattenpflanzen 73, 74
Scheinakelei 52, 58*
Scheinmohn 46*, 76
Scheinmohn, Blauer 66
Schlafmohn 92
Schlüsselblume 91
Schmetterlingskerze 68*
Schnecken 37, 38, 66
Schneerose 74, 75
Schokoladenkosmee 91
Schönmalve 85, 85*
Schwanenblume 14
Schwarzäugige Susanne 86
Schwarze Blüten 90
Scilla bifolia rosea 42*
Seekanne 14
Seerose 13, 14
Seerose 'Moorei' 14
Seerose 'Rose Aray' 13*, 14
Sempervivum 59, 60
Sempervivum arachnoideum 59
Sibirische Schwertlilie 14, 71
Silene dioica 43
Sommerflieder 'Harlequin' 79
Sonnenbraut 63*
Sonnenhut 67, 68
Spinnwebenhauswurz 59*
Standortbedingungen 26
Stauden 63, 64, 65
Stauden-Agastache 67*
Staudenphlox 78
Steingarten 48, 49, 50, 52
Steinmauer 54
Storchenschnabel 46*
Storchenschnabel, Schwarzer 90
Strauchpfingstrosen 116
Strauchrose 109
Substrate 49
Sumpfbeet, kleines 70
Sumpfdotterblume 71*
Sumpfgarten 72
Sumpfpflanzen 70
Sumpfschwertlilie 71
Taglilie 'Frans Hals' 63*
Teichfolie 12, 14
Teichfrosch 11
Teichpflanzen 13, 15
Teufelskralle, Schwarze 90
Thalictrum *76*
Thalictrum delavayi 16*
Thunbergia lalata 86
Thymus vulgaris 57
Tiere 33
Tillblättrige Pfingstrose 117
Tonscherbengarten 59
Tricytris 75
Trollblume 72
Trollius europaeus 72*, 72
Tulipa praestans 79
Tulipa tarda 35, 37*
Türkranz 62

Vögel 33
Vorfrühlingsalpenveilchen 51*

Waldschlüsselblume 64
Wandelröschen 35*, 85
Wasserstelle 73
Weide, Schwarzährige 90
Weiße Zwergglockenblume 56*
Wiesenflockenblume 43*
Wiesenraute 76
Wiesensalbei 44, 44*, 69
Wildblumen 27, 40, 41, 42, 43, 44, 45
Wildpelargonie 61*
Wildtulpe 35, 37*, 79
Winterschutz 53
Witwenblume 44*
Wolfseisenhut 46*, 76
Wollgras 71
Wolliger Thymian 58

Zaunwinde 40
Zierlauch 61
Zwergglockenblume 117
Zwergglockenblume 'Alba' 117
Zwergglockenblume 'Elizabeth Oliver' 117
Zwergglockenblume 'Miss Willmott' 117